全国水利行业规划教材　高职高专水利水电类
中国水利教育协会策划组织

AutoCAD 工程绘图

主　编　晏成明　贾　芸　孟庆伟
副主编　陈　丹　刘　娟　苏永军
　　　　董　岚　李　建
主　审　孙敬华　张　劲

黄河水利出版社
·郑州·

内 容 提 要

本书是全国水利行业规划教材,是根据中国水利教育协会全国水利水电高职教研会制定的 Auto-CAD 课程标准编写完成的。本书主要内容包括概述、创建图形文件及绘图环境、生成图形文件、工程图纸绘制、三维绘图基础、实操训练,并附有计算机辅助设计中、高级绘图员鉴定标准。本书是为满足中、高级职业技术学院的学生熟练掌握 AutoCAD 绘图及参加绘图员等级考试的需要而编写的,以大量的绘图训练为手段,以工程实践应用为目的,精选例题和上机练习题,充分考虑了职业院校学生的学习特点及就业需求。

本书适合作为中、高级职业技术学院水利、建筑、路桥、市政等土建类专业 AutoCAD 工程绘图课程的教材,也可以作为 AutoCAD 技术培训教材,同时可供土建类工程技术人员学习参考。

图书在版编目(CIP)数据

AutoCAD 工程绘图/晏成明,贾芸,孟庆伟主编. —郑州:
黄河水利出版社,2013.6
全国水利行业规划教材
ISBN 978 - 7 - 5509 - 0490 - 3

Ⅰ.①A… Ⅱ.①晏… ②贾… ③孟… Ⅲ.①工程制
图 - AutoCAD软件 - 高等职业教育 - 教材 Ⅳ.①TB237

中国版本图书馆 CIP 数据核字(2013)第 120022 号

组稿编辑:王路平 电话:0371 - 66022212 E-mail:hhslwlp@ 163. com

出 版 社:黄河水利出版社
地址:河南省郑州市顺河路黄委会综合楼 14 层 邮政编码:450003
发行单位:黄河水利出版社
发行部电话:0371 - 66026940、66020550、66028024、66022620(传真)
E-mail:hhslcbs@ 126. com
承印单位:黄河水利委员会印刷厂
开本:787 mm ×1 092 mm 1/16
印张:15
字数:350 千字 印数:1—4 100
版次:2013 年 6 月第 1 版 印次:2013 年 6 月第 1 次印刷
定价:30.00 元

前　言

　　本书是根据《教育部关于全面提高高等职业教育教学质量的若干意见》(教高[2006]16号)、《教育部关于推进高等职业教育改革创新引领职业教育科学发展的若干意见》(教职成[2011]12号)等文件精神,由全国水利水电高职教研会拟定的教材编写规划,在中国水利教育协会指导下,由全国水利水电高职教研会组织编写的第二轮水利水电类专业规划教材。第二轮教材以学生能力培养为主线,具有鲜明的时代特点,体现出实用性、实践性、创新性的教材特色,是一套理论联系实际、教学面向生产的高职高专教育精品规划教材。

　　AutoCAD 是美国 Autodesk 公司开发的计算机辅助绘图与设计软件包。Autodesk 公司于 1982 年推出 AutoCAD 1.1 版,目前软件已升级到了 2012 版,AutoCAD 已成为当今世界上最流行的 CAD 软件之一,它在机械、建筑、化工、纺织、轻工、汽车、造船、测绘、家具、广告等多种行业被广泛应用。为了适应社会需求,熟练使用 AutoCAD 已经成为相关专业在校学生必备的技能之一。

　　尽管 AutoCAD 课程早已在大中专及职业院校中普及,尽管国内外工程 CAD 方面的书籍很多,但适合职业教育的 AutoCAD 教材并不多,尤其专门针对水利、建筑、路桥、市政等土建类专业的 CAD 方面的教材很少。在校学生虽然能掌握基本的绘图方法,但缺少工程图纸绘制的系统训练,很难快速灵活地将基本绘图方法融入实际工程设计中,这限制了 AutoCAD 技术与专业结合、为专业服务的强大功能。

　　本书在内容编排上,力求做到由浅入深、循序渐进、结合专业。首先按照认识 Auto-CAD、了解 AutoCAD、创建 AutoCAD 环境、生成 AutoCAD 图形的逻辑顺序,介绍 AutoCAD 的一般使用方法;然后结合水利、建筑、路桥、市政等专业,以实际工程为例,介绍绘制工程图纸的要求和步骤;最后介绍三维绘图基础,激发学生进一步深入学习的兴趣。为了方便学生学习,在章后都安排了思考题,第六章为实操训练,以加深对 AutoCAD 知识的认知,提高绘图的熟练程度。

　　考虑到部分学生将参加劳动部门组织的计算机等级考试的需要,本书在最后还附有计算机辅助设计中、高级绘图员鉴定标准,供学生参考。

　　本书可以作为高职高专院校水利、建筑、路桥、市政等专业的 AutoCAD 教材,也可以作为 AutoCAD 技术培训的教材。

　　本书编写人员及编写分工如下:广东水利电力职业技术学院晏成明编写前言、第四章第三节,河北工程技术高等专科学校苏永军编写第一章,湖南水利水电职业技术学院刘娟编写第二章,安徽水利水电职业技术学院贾芸编写第三章,广东水利电力职业技术学院陈丹编写第四章第一节、第六章及附录,河南水利与环境职业学院孟庆伟编写第四章第二节,辽宁水利职业学院董岚、广东水利电力职业技术学院李建编写第五章。本书由晏成明、贾芸、孟庆伟担任主编,晏成明负责全书结构设计及统稿;由陈丹、刘娟、苏永军、董岚、李建担任副主编;由安徽水利水电职业技术学院孙敬华、广东水利电力职业技术学院张劲担任主审。

　　由于编写时间仓促,书中难免存在错误和疏漏之处,敬请广大读者批评指正。

编　者

2013 年 1 月

· 2 ·

目　录

目 录

第一章 概 述

第一节 AutoCAD 简介

一、AutoCAD 的发展简史

CAD 是 Computer Aided Design 的缩写,含义为计算机辅助设计。AutoCAD 是由美国 Autodesk 公司开发的通用计算机辅助绘图与设计软件包,具有易于掌握、使用方便、体系结构开放等特点,深受广大工程技术人员的喜爱。AutoCAD 自 1982 年 11 月正式发行以来,已经进行了近 26 次的升级,从而使其功能逐渐强大;且日趋完善。目前,AutoCAD 已广泛应用于机械、建筑、电子、航天、造船、石油化工、土木工程、冶金、农业、气象、纺织、轻工业等领域。在我国,AutoCAD 已经成为工程设计领域中应用最为广泛的计算机辅助设计软件之一。

相对于之前的版本,AutoCAD 2010 引入了全新功能,其中包括自由形式的设计工具、参数化绘图,并加强对 PDF 格式的支持。用户可以对图形对象建立集合约束,以保证图形对象之间有准确的位置关系,如平行、垂直、相切、同心、对称等关系;可以建立尺寸约束,通过该约束,既可以锁定对象,使其大小保持固定,也可以通过修改尺寸值来改变所约束对象的大小。

二、AutoCAD 的基本功能

(一)二维绘图功能
AutoCAD 系统提供了一组实体来构造图形。实体是构成图形的元素,其类型有点、直线、圆、圆弧、圆环、椭圆、矩形、多边形、文字、多段线、样条曲线、块、图案填充、尺寸标注等。

(二)编辑功能
AutoCAD 系统提供了多种方法对实体进行编辑。主要的编辑命令有删除、修剪、偏移、打断、移动、旋转、延伸、加长、拉伸、对象特性、特性匹配、比例、复制、镜像、阵列、倒角、圆角、等分、分解、编辑多段线、尺寸编辑等。

(三)显示控制功能
AutoCAD 系统提供了多种途径来观看生成图形的过程或观察已生成的图形。主要的显示控制命令有缩放、平移、鸟瞰、保存和恢复视图等。

(四)辅助绘图功能
为了提高绘图速度与精确度,AutoCAD 系统提供了多种辅助绘图功能。主要的辅助绘图功能有捕捉和栅格、设置正交状态、对象捕捉、极轴追踪、对象捕捉追踪等。

(五)AutoCAD 设计中心功能

为便于用户更有效地利用和共享设计对象,从 AutoCAD 2010 版开始新增了一个设计管理系统,即 AutoCAD 设计中心。其主要功能有浏览不同的图形内容,直接打开图形文件,查看图形文件中已定义的对象(如块、图层、尺寸样式等)并将它们插入、附着或复制、粘贴到当前图形文件中,预览图像和显示选中对象的说明等。

(六)三维造型功能

AutoCAD 系统提供了多种方法来构造三维模型,主要有线框建模法、表面建模法和实体建模法。

(七)辅助设计功能

在 AutoCAD 系统中,用户可以方便地查询绘制好的图形的长度、面积、体积、力学特性等。AutoCAD 系统具备三维实体和三维曲面的造型功能,便于用户对设计有直观的了解和认识;提供多种软件的接口,用户可方便地将设计数据和图形在多个软件中共享,进一步发挥各个软件的特点和优势。

三、AutoCAD 的运行环境

(一)软件环境

AutoCAD 2010 可以在具有 Service Pack 2 以上的 Windows XP 或具有 Service Pack 4 的 Windows 2000,或全部版本的 Windows Vista 和 Windows 7 操作系统下运行。

(二)硬件环境

AutoCAD 2010 要求的基本计算机硬件包括中央处理器(CPU)、内存、硬盘、显示器、键盘、鼠标等,如果需要将图形输出到图纸上,还必须配置打印机或绘图仪。

(1)中央处理器(CPU):Intel Pentium 4 或 AMD Athlon Dual Core 处理器,1.6 GHz 以上,采用 SSE2 技术。

(2)内存:推荐使用 2 GB。

(3)硬盘:至少安装有 750 MB 空余的空间硬盘。

(4)显示器:最低配置 1 024×768 VGA 真彩色。

(5)键盘:用于输入操作命令。

(6)三键鼠标:通过鼠标带动光标在屏幕上移动,以选择菜单或图标来输入命令。

(7)光驱(CD – ROM):用于安装 AutoCAD 软件或加载其他图库。

(8)打印机或绘图仪:用于图形输出。A3 图幅以下可采用打印机输出,目前出图质量较好的打印机有喷墨打印机和激光打印机。大型号的图纸通常采用绘图仪出图。

第二节　AutoCAD 2010 的工作界面

一、AutoCAD 2010 的启动和退出

当用户完成 AutoCAD 2010 中文版本的安装与设置后,操作系统的桌面会自动生成名为"AutoCAD 2010 Chs"的快捷方式图标。双击该快捷方式,即可启动 AutoCAD 2010。与

启动其他应用程序一样,也可以通过 Windows 资源管理器、Windows 任务栏按钮等启动 AutoCAD 2010。

二、AutoCAD 2010 系统界面

如图 1-1 所示是 AutoCAD 2010 的工作界面,它使用的是窗口式的操作环境,工作界面主要由标题栏、菜单栏、绘图区、坐标系图标以及命令行、状态栏等组成。

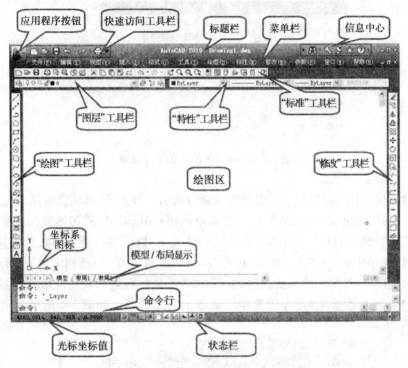

图 1-1　AutoCAD 2010 的工作界面

(一)标题栏

标题栏在工作界面的首行,显示当前正在运行的 AutoCAD 的版本图标及当前载入的文件名,缺省的图形文件名为"Drawing1.dwg"。

(二)菜单栏

菜单栏位于标题栏下部,主要功能是调用 AutoCAD 的命令,包括文件、编辑、视图、插入、格式、工具、绘图、标注、修改、参数、窗口、帮助等 12 组一级菜单项,图 1-2 显示的是部分一级、二级菜单及其子菜单示例。

(1)许多菜单选项的右边有字母,它是与该选项对应的快捷键,能快速执行该菜单功能。

(2)在下拉二级菜单中右边有一黑色三角形图标的菜单项表示有子菜单。

(3)在下拉二级菜单中颜色显示为灰色的选项表示在当前状态下对应的 AutoCAD 命令不能执行。

(4)在下拉二级菜单中右边有省略号的菜单项表示可打开一个对话框。

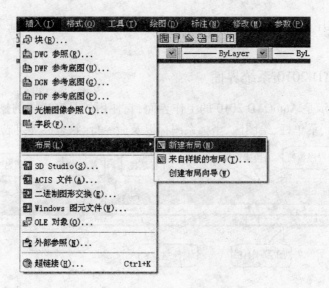

图 1-2　AutoCAD 2010 的下拉菜单

(三) 工具栏

工具栏以一组图标的形式出现,是输入命令的另一种方式,其功能等同于键入命令或菜单命令。系统共定义了 26 个工具栏供用户调用。AutoCAD 的初始界面主要显示"标准工具栏"、"特性工具栏"、"绘图工具栏"和"修改工具栏"等。要调出其他工具栏,可以通过"工具"菜单中的"工具栏"选项,打开"AutoCAD"子菜单,勾选相应选项,屏幕即显示该工具栏。也可以采用快捷方式,直接在"标准"工具栏右侧的灰色区域点击鼠标右键,弹出如图 1-3 所示的选项,点左键选中需要显示的工具栏。如图 1-4 所示为调出的"标注"工具栏。

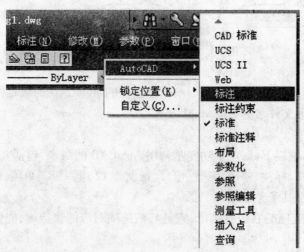

图 1-3　AutoCAD 2010 工具栏的选择

图 1-4　AutoCAD 2010 的"标注"工具栏

(四)绘图区

绘图区是用户在屏幕上绘制和修改图形的工作区域,它占据了绝大部分的屏幕,为进一步扩大绘图范围,可以按 Ctrl + 0 快捷键,以满屏方式显示绘图区。

(五)十字光标

移动鼠标时,绘图区中的十字光标会同步移动,其交叉点反映了当前光标的位置。十字光标用于绘图和选取对象。

(六)命令行

命令行位于绘图区的下方,是供用户通过键盘输入命令并显示相关提示的区域。在 AutoCAD 系统中输入的命令字母不分大小写。为了提高效率,在输入命令时常常不输入命令的全称,而是使用命令的别名,即快捷键,例如在命令行中输入 L,则等同于输入"Line"(画直线)命令。

在缺省状态下,命令行只显示 3 行文字,如果用户要查看 AutoCAD 命令执行的历史记录,可以使用键盘上的 F2 键打开浮动文本窗口,再次按 F2 键即可关闭该浮动文本窗口,如图 1-5 所示。

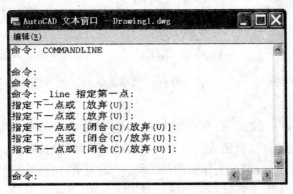

图 1-5　AutoCAD 2010 的浮动文本窗口

(七)工具选项板

工具选项板是"工具选项板"窗口中的选项卡形式的区域,它提供了一种用来组织、共享和放置块、图案填充及其他工具的有效方法。

(1)使用快捷键 Ctrl + 3 可以将其调出,单击右上角的▨则可以将其关闭,如图 1-6 所示。

(2)按右下角的隐藏▨图标,可以控制工具选项板是否自动隐藏。

(3)单击右下角的特性▨图标或右键,将打开快捷选项菜单,在选项菜单中还可进一步实现对"工具选项板"窗口的相关控制,如移动、新建选项板、透明度、自定义选项板等,也可选择不同的选项,如注释和设计、参数化设计等,如图 1-7 所示。

例如,在快捷选项菜单中,选择"注释和设计"选项,将显示如图 1-8 所示的选项,用户可以快速而直观地选择填充图案,并通过拖入的形式来完成填充命令。

AutoCAD 还允许用户创建自己的工具选项板。用户可以将一些工作中频繁使用的图块进行分类,然后通过设计中心,从任意图形中选择块或从 AutoCAD 图案文件中选择填充图案,置于工作选项板上,还可以通过拖入或复制、粘贴的方法将其嵌入到新的工具选项板中,来创建自定义的工具选项板。如创建"机械标准连接件"、"常规家电系列"等专用工具选项板,以便在工作中随时调用。充分使用工具选项板,可以极大地提高用户绘图的效率和速度。

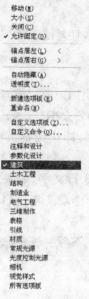

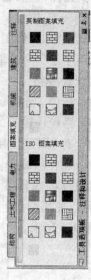

图1-6 工具选项板　　　图1-7 选项菜单　　　图1-8 "注释和设计"选项板

(八)状态栏

状态栏位于主窗口的底部,显示光标的当前坐标值及各种模式的状态,如图1-9所示。具体模式包括捕捉、栅格、正交、极轴、对象捕捉、对象追踪、线宽、图纸/模型等。单击各模式的按钮或通过按键盘上相应的功能键,可以实现这些功能"打开"与"关闭"的切换,在某一模式按钮上单击右键还可以进行设置。

图1-9 AutoCAD 2010 的状态栏(部分)

三、命令执行方式

在 AutoCAD 中,调用命令的方式一般有三种:点取菜单、单击工具栏图标和直接在命令行中输入命令。要提高绘图速度,建议根据实际需要综合使用以上三种方式。一般将最常用的工具栏放在图形窗口侧面,直接点取图标调用命令。部分命令可以在命令窗口输入,通常左手敲击键盘,右手使用鼠标在图形上操作。对于不常用和很难记忆的命令,可以使用菜单调用。当然,单一使用某种方法可以调用所有的命令,但是效率不会太高,尤其不推荐单一使用菜单操作。

AutoCAD 系统的命令输入设备主要有键盘、鼠标和数字化仪等,以键盘和鼠标最为常见。

(一)键盘输入

键盘是输入文字命令的唯一方式,输入命令时,只要在命令窗口中的"命令:"提示行键入命令名如"Line",然后按回车键,随后按进一步的提示输入数据或按回车键、空格键就可以完成命令的执行操作。另外,键盘的方向键也可以用来选择菜单中的选项。

(二)鼠标单击工具图标

鼠标主要用于控制光标的位置、选择目标对象和单击工具图标执行命令。其左键用于选取对象;右键相当于回车键,右键与 Shift 键配合使用可调出光标快捷菜单;鼠标的中键或中轮用于控制视图的缩放显示。

(三)执行重复命令

无论用户采取何种方式执行命令,都可以在一个命令完成后,通过按空格键或回车键来重复执行该命令。例如,刚画好一个圆,按一次回车键可再次调用画圆的命令,继续画新的圆。

(四)执行透明命令

AutoCAD 在执行某一命令时可以插入执行另一个命令,插入的命令被称为透明命令。透明命令的使用方式是在命令的前面加一个撇号"'"。完成透明命令后,再恢复执行原来的命令。AutoCAD 的许多命令和系统变量都可以透明使用,以改变图形设置的命令最为常用,例如'Zoom 等。

(五)命令出错的纠正

如果用户执行完某一命令后或在执行命令的过程中发现结果不能满足要求,可以按标准工具栏中的回退图标⤴,或在命令行输入 U 命令,或按 Ctrl + Z 组合键来取消上一次的操作。如果用户输入了错误的字符,则可以按 Esc 键取消任何操作。

(六)AutoCAD 中命令行的约定

(1)分隔符"/"用来分隔命令选项,大写字母表示命令快捷方式。

(2)" < > "符号表示其中的值为缺省值。用户可以重新输入或修改当前值或系统自动赋予的初始值。

(3)要中途退出命令输入操作,可按 Esc 键,有的命令需要按两次 Esc 键。

(4)执行某命令后若对其结果不满意,可在"命令:"提示行键入 U(放弃),退回到本次操作前的状态。

(5)执行完某一命令后直接按 Enter 键或按鼠标右键,可重复执行上一条命令。

(6)在 AutoCAD 中,按空格键与按 Enter 键具有同等的功效,这样可以方便操作。

用户若能熟练地使用以上技巧,可以节省输入命令的时间。

第三节　工程 CAD 现状与发展

在工程行业中,CAD 技术是发展最快的技术之一,已应用到从基本规划到详细设计的各个方面。使用 CAD 的水平已经成为企业技术水平的象征,也是对外竞争的重要手段。现在各设计单位纷纷对聘用人员提出了计算机辅助设计的技能要求,因此许多工科类院校已相继开设了如 AutoCAD、专业 CAD 等课程,并将其用于工程制图、课程设计、毕业设计等教学环节。

一、CAD 技术在工程行业中的应用现状

在工程行业中,无论是土木工程、水利工程还是桥梁工程,一般建筑物或构筑物的建设都要经过规划、设计、施工几个阶段,建成以后则进入维护管理阶段。目前,CAD 技术已经应用在以上各个阶段。

(一)规划阶段

一般工程的规划都需要考虑众多的因素,例如土地利用、经济、交通、法律、景观等有关社会经济的因素,气象、地质、地形、水文等有关自然的因素,以及水质、噪声、土地污染、绿化等有关生态环境的因素。对应于该阶段的 CAD 系统主要有三类:第一类是有关规划信息的存储和查询系统,例如土质数据库系统、地域信息系统、地理信息系统、城市政策信息系统等,这一类系统多采用数据库系统的形式;第二类是信息分析系统,例如规划信息分析系统等;第三类是规划的辅助表现及制作系统,例如景观表现系统、交通规划辅助系统等。

(二)设计阶段

一般建筑工程结构的设计都包括结构形式的选定、形状尺寸的假定、模型化、结构分析、验算、图面绘制、材料计算等过程。CAD 技术在建筑工程领域最早就是应用在结构设计中的,如我国桥梁 CAD 的研究始于 20 世纪 70 年代中后期,主要研制针对桥梁结构分析和设计的专用软件,所以有关设计 CAD 系统的历史比较长,发展比较成熟。

(三)施工阶段

建筑工程的施工一般都包含"投标报价—施工调查—施工组织设计—人员、器材和资金的调配—具体施工及项目工程管理—验收"等步骤。目前,我国已出现了投标报价与合同管理、工程项目管理、网络计划、质量和安全的评价与分析、劳动人事工资、材料物资、机械设备、财务会计和行政管理、施工图绘制等系统。国外也已开发出一些建筑物和构筑物的集成化施工系统,将计算机辅助制造技术与工程 CAD 技术集于一体,完成自动设计计算、自动绘制施工图、自动生成材料表、自动制作施工组织设计书等任务。

(四)维护管理阶段

CAD 技术在维护管理中最早的应用是煤气、上下水管线图的计算机管理,其中包括管线的位置以及管线的埋设条件,给管路的分析、检查等提供了极大的方便。近年来,出现了以数据库为中心的、道路设施的维护管理 CAD 系统,这种系统具有双重作用:一方面是用于保存定期检查结果等信息;另一方面是用于辅助维修和加固的规划和设计。

二、CAD 技术发展趋势

由于网络技术、软件技术、扫描技术与图档管理自动化技术的不断成熟,各大设计院在"甩掉图板"的基础上,向着"甩掉图纸"的目标而努力。"甩掉图纸"是继"甩掉图板"之后 CAD 技术发展的更高目标,它要求设计单位内部从勘探资料的调用、设计各专业的配合,到校对、审核、审定,直到存档,全在计算机网络上完成。

随着 CAD 技术、多媒体技术、虚拟现实技术的发展,工程 CAD 软件正朝以下几个方面发展:

（1）工程 CAD 技术在软件、系统方面的发展集中在可视化、集成化、智能化与网络化技术方面。其具体内容包括图形仿真，多维空间显示模型，多媒体技术，CAD 虚拟环境，图形支撑系统，CAD、CAM 和 CAE 一体化信息集成，工程数据库，专家系统，遗传算法，人工神经网络模型和网络技术等。

（2）核心数据库技术的进步和核心数据模型的建立将带动 CAD、CAE、CAM 大范围系统级别的集成，面向工程全生命周期、支持并行工程的核心信息平台将逐步建立。

（3）工程 CAD 软件构件化。在 CAD 软件的开发中使用构件化技术，有助于构筑起一个由多方提供构件、构件独立进化、构件间协同工作的开放式软件开发体系。它可以充分发挥出现有的工程 CAD 软件开发力量，避免资源浪费，从而尽快提高我国的工程 CAD 软件水平。构件化技术同网络技术结合起来可以实现构件的网络共享。

（4）知识系统和各种智能化技术的应用。在初步设计阶段，智能辅助决策系统将是科学决策更好的平台；在并行设计中，性能优越的智能人机交互系统将丰富工程师的创造力，结合网络智能技术将实现群体智能的集成。

（5）工程 CAD 软件在内容上全方位扩展。目前，工程 CAD 软件主要集中在建筑结构布置、结构分析、施工图设计、工程造价分析等几个方面。从工程建设的全过程来看，未来的工程 CAD 系统应实现整个工程生命周期的信息共享和建立反映工程全面信息的模型等，还应包括工程位置选择、工程优化设计、工程施工控制及网络技术和信息管理专家等子系统。

思考题

1. AutoCAD 有哪些功能？
2. AutoCAD 执行命令的方式有哪几种？
3. AutoCAD 的工具选项板有何作用？
4. AutoCAD 的辅助绘图功能有哪些？

第二章 创建图形文件及绘图环境

图形文件的管理是 AutoCAD 软件操作中最基本和最常用的操作,包括新建、打开、保存和关闭图形文件等操作。绘图环境是指在 AutoCAD 中绘制图样所需的基本设置与约定。通过绘图环境的设置可实现绘图专业化、标准化、用户化和流水线作业,从而大大提高绘图效率。

第一节 图形文件的管理

一、新建图形文件

在绘制一幅新图形时,需要建立一个新的图形文件。

(一)新建图形文件的方法

(1)选择"文件"→"新建"命令(New)。

(2)单击"标准"工具栏中的"新建"□按钮。

(3)使用快捷键 Ctrl + V。

启动命令后,系统打开"选择样板"对话框,如图 2-1 所示。

图 2-1 "选择样板"对话框

在"选择样板"对话框中,可以在"名称"列表框中选中某一样板文件,这时在其右面的"预览"框中将显示出该样板的预览图像。单击"打开"按钮,即可以以选中的样板文件为样板创建新图形。或者单击"打开"按钮右侧的下拉按钮小黑三角,会弹出如图 2-2 所示的下拉菜单,选择"无样板打开 – 公制"选项,此时也可创建一个新的图形文件。

（二）说明

样板文件的扩展名为.dwt。在绘制图形时，可根据制图标准的要求对图层、文字样式、标注样式等进行设置，建立统一的样板文件，以便绘图时直接使用。

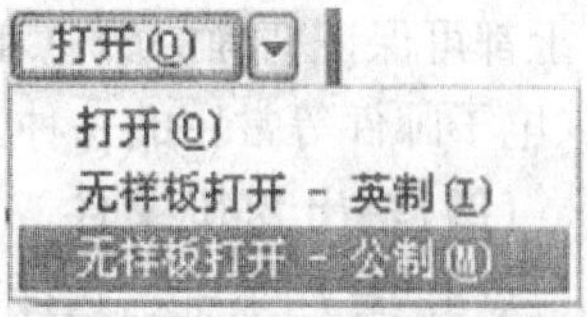

图 2-2　下拉菜单

二、打开图形文件

（一）打开图形文件的方法

(1)选择"文件"→"打开"命令(Open)。

(2)单击"标准"工具栏中的"打开"按钮。

(3)使用快捷键 Ctrl + O。

(4)双击文件图标。

启动命令后，可以打开已有的图形文件。

（二）说明

在默认情况下，打开的图形文件的扩展名为.dwg。

在 AutoCAD 中，可以以"打开"、"以只读方式打开"、"局部打开"和"以只读方式局部打开"4 种方式打开图形文件。当以"打开"、"局部打开"方式打开图形时，可以对打开的图形进行编辑，如果以"以只读方式打开"、"以只读方式局部打开"方式打开图形，则无法对打开的图形进行编辑。

三、保存图形文件

在 AutoCAD 中，可以使用多种方式将所绘制的图形以文件形式存入磁盘。

（一）保存图形文件的方法

(1)选择"文件"→"保存"命令(Qsave)。

(2)单击"标准"工具栏中的"保存"按钮，以当前使用的文件名保存图形。

(3)选择"文件"→"另存为"命令(Saveas)，将当前图形以新的文件名保存。

(4)使用快捷键 Ctrl + S。

（二）说明

每次保存新创建的图形时，系统将打开"图形另存为"对话框。在默认情况下，文件以"AutoCAD 2010 图形(∗.dwg)"格式保存，也可以在"文件类型"下拉列表框中选择其他格式，如"AutoCAD 2004/LT 2004 图形(∗.dwg)"、"AutoCAD 图形标准(∗.dws)"等格式。

由于高版本软件可以打开低版本软件的图形文件，为方便在任何机器上打开图形文件，建议采用低版本格式存盘。如使用 2010 版本软件，可存为 2004 版本图形文件，或者存为更低版本图形文件。

（三）输出 PDF 文件

点击"程序菜单"，选择"输出"→"PDF"，系统进入"另存为 PDF"界面，对"输出(X)"和"页面设置"项进行设置，输入文件名，然后保存，可以保存为 PDF 格式文件。PDF 文件是一种电子文件格式，它忠实地再现原稿的每一个字符、颜色以及图像，无论在哪种打印机上都可保证精确的颜色和准确的打印效果,是电子图书、产品说明、公司文告、网络资料、电子邮件等常用的一种文件格式。PDF 格式文件用 Adobe Reader 软件可以打开。

(四)输出 BMP 文件

点击"程序菜单",选择"输出"→"其他格式",或选择"文件"→"输出"命令,系统进入"输出数据"界面,在"文件类型"中选择"位图 * . bmp",并在"文件名"处输入文件名,然后保存,可将图形输出为 BMP 格式的图片文件。BMP 文件可以用任何读图软件与画图软件打开。

四、AutoCAD 系统的退出

(一)系统的退出

(1)选择"文件"→"关闭"命令(Close)。

(2)在绘图窗口中单击"关闭"按钮。

(二)说明

关闭图形文件时,如果当前图形没有存盘,系统将弹出 AutoCAD 警告对话框,询问是否保存文件。此时,单击"是(Y)"按钮或直接按 Enter 键,可以保存当前图形文件并将其关闭;单击"否(N)"按钮,可以关闭当前图形文件但不存盘;单击"取消"按钮,取消关闭当前图形文件操作,既不保存也不关闭。

如果当前所编辑的图形文件没有命名,那么单击"是(Y)"按钮后,AutoCAD 会打开"图形另存为"对话框,要求用户确定图形文件存放的路径和名称。

第二节　设置绘图环境

在绘图前应对绘图环境进行设置,设置内容如下。

一、设置单位及精度

(一)启动命令的方法

(1)在命令行中用键盘输入"Ddunits"。

(2)在主菜单中点击"格式"→"单位"。

执行"Ddunits"命令后,出现"图形单位"对话框,如图 2-3 所示,在此对话框中进行单位设置。

(二)参数说明

在"图形单位"对话框中,我们介绍"长度"和"角度"两个区域。

1."长度"选项区

"类型":通过下拉列表框来设置单位类型,该值

图 2-3　"图形单位"对话框

包括"建筑"、"小数"、"工程"、"分数"和"科学",系统缺省设置为"小数"。

"精度":通过下拉列表框来设置线性测量值显示的小数位数或分数大小,系统缺省

设置为"0.0000",也可通过下拉列表框来设置其他的数值类型。

2."角度"选项区

"类型":通过下拉列表框来设置角度类型,系统缺省设置为"十进制度数"。

"精度":通过下拉列表框来设置当前角度显示的精度,系统缺省设置为"0",也可通过下拉列表框来设置其他的数值类型。

"插入时的缩放单位":一般采用系统缺省设置,即"毫米"。

"光源":用于指定光源强度的单位。

"方向":点击"方向"按纽,将弹出"方向控制"对话框。一般采用系统缺省设置,即"东方向为0度",如图2-4所示。

图2-4 角度方向控制

二、设置图形界限

(一)启动命令的方法

(1)在命令行中用键盘输入"Limits"。

(2)在主菜单中点击"格式"→"图形界限"。

(二)命令执行的过程

命令:_limits

重新设置模型空间界限:

指定左下角点或［开(ON)/关(OFF)］<0.0000,0.0000>:✓

指定右上角点 <6.7901,5.9071>:420,297✓

(三)参数说明

"指定左下角点":指栅格界限左下角点。

"指定右上角点":指栅格界限右上角点。

"［开(ON)/关(OFF)］":指打开或关闭图形界限的检查功能。

当图形界限检查打开时,将无法输入栅格界线外的点。因为图形界限检查只测试输入点,所以对象的某些部分可能会延伸出栅格界限。

(四)例子

以A3图幅为例来说明图形界限的设置(栅格显示A3图幅的图幅界限),如图2-5所示。

命令:_limits

重新设置模型空间界限:

指定左下角点或［开(ON)/关(OFF)］<0.0000,0.0000>:✓

指定右上角点 <420.0000,297.0000>:420,297✓

命令:<栅格 开>

三、绘图边界的显示控制

在AutoCAD中,绘图窗口是用户绘图的工作区域,所有的绘图结果都反映在这个窗口中。可以根据需要关闭其周围和内部的各个工具栏,以增大绘图空间。如果图纸比较大,需要查看未显示部分,可以单击窗口右边与下边滚动条上的箭头,或拖动滚动条上的

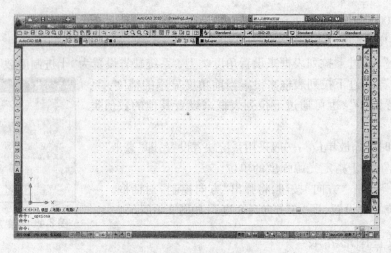

图 2-5　设置 A3 图幅的图形界限

滑块来移动图纸,也可用"Zoom"命令显示全部。另外,对于三键鼠标,双击鼠标滚轮可以实现图形满屏显示。

在绘图窗口中除显示当前的绘图结果外,还显示了当前使用的坐标系类型以及坐标原点、X 轴、Y 轴、Z 轴的方向(在二维状态下,Z 轴的方向为由屏幕指向用户)等。在默认情况下,坐标系为世界坐标系(WCS)。绘图窗口的下方有"模型"和"布局"选项卡,单击其标签可以在模型空间和图纸空间之间来回切换。

在 AutoCAD 2010 中,可以在绘图窗口中显示工作的目标。当鼠标提示选择一个点时,光标变为十字形;当在屏幕上拾取一个对象时,光标变成一个拾取框;把光标放在工具栏上时,光标变为一个箭头。

第三节　图层管理

一、图层的概念

国家标准《技术制图》(GB/T 10609.1—2008)规定,图线有线型与线宽之分,在一张工程图中,不同的线型与线宽表达不同的内容,代表了不同的含义。

用 AutoCAD 绘制工程图样时,每一个图形对象,不仅具有形状、尺寸等几何特性,而且具有相应的图形信息,如颜色、线型、线宽以及状态等。AutoCAD 引入图层概念,即在绘制图形时,将每个图形元素或同一类图形对象组织成一个图层,并给每一个图层指定相应的名称、线型、线宽、颜色和打印样式。例如,在一张图纸上包括了图框、实线、虚线、中心线、尺寸标注等众多信息,这时可以将组成图形各个部分的信息分别绘制在不同的图层中,如将图框放置在某一个图层上,再将尺寸标注放置在另外一个图层上,再将实线、虚线、中心线分别放置在另外一些图层上,然后将这些不同的图层重叠在一起就成为了一张完整的图纸,如图 2-6 所示将注释、标注、对象分别放在不同图层上。

简单地理解图层,就好像若干张没有厚度的透明纸片。可将图形对象画在其上,每张透明纸片都可以绘制图线、尺寸和文字等不同的图形信息。如果一张复杂图形是由不同线型、不同颜色和不同线宽的多个图形对象构成的,绘图时可把同一种线型、颜色和线宽的图形对象都放在同一张透明纸上,由以上若干张具有相同坐标系的透明纸片所绘制的图形叠加在一起,就构成了一张完整的图纸。

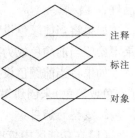

注释
标注
对象

图 2-6　图层的概念

二、图层的特性

图层具有颜色、线型和线宽等特性,可对特性进行设置。

(一)图线属性

图线的属性有颜色、线型与线宽,如图 2-7、图 2-8 所示。

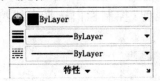

图 2-7　图线属性

图 2-8　图线属性工具条

在一张工程图中,不同的线型与线宽代表了不同的含义。因此,用 AutoCAD 绘图时,要对每条图线赋予颜色、线型与线宽。

1. 颜色的调用

图线的颜色可以直观地标示对象。图线颜色可以随图层指定,也可以不依赖图层明确指定。随图层指定颜色可以轻松识别图形中使用的每个图层;明确指定颜色会使同一图层的对象之间产生其他差别。

为对象设置 ACI 颜色的方法如下:

(1)在功能区中依次单击"常用"→"特性"→"对象颜色"。

(2)在主菜单中依次单击"格式"→"颜色"。

(3)在图线属性工具条上单击"颜色"控制栏 ■ByLayer 。

通过以上操作,在"对象颜色"下拉列表中单击一种颜色,可用它绘制所有新对象,也可以单击"选择颜色",以显示"选择颜色"对话框,如图 2-9 所示。然后执行以下操作之一:

(1)在"索引颜色"选项卡上,单击一种颜色或在"颜色"框中输入颜色名或颜色编号。

(2)在"索引颜色"选项卡上,单击"ByLayer"以用指定给当前图层的颜色绘制新对象。

(3)在"索引颜色"选项卡上,单击"ByBLock"以在将对象编组到块中之前,用当前的颜色绘制新对象。在图形中插入块时,块中的对象将采用当前的颜色设置。

ACI 颜色是 AutoCAD 中使用的标准颜色。每种颜色均通过 ACI 编号(1 到 255 的整数)标示。标准颜色名称仅用于颜色 1 到 7。颜色指定如下:1 红、2 黄、3 绿、4 青、5 蓝、6

品红、7 白/黑。

如果将当前颜色设置为"ByLayer",则将使用指定给当前图层的颜色来创建对象。如果不希望当前颜色成为指定给当前图层的颜色,则可以指定其他颜色。

如果将当前颜色设置为"ByBlock",则在将对象编组到块中之前,将使用 7 号颜色(白色或黑色)来创建对象。将块插入到图形中时,该块将采用当前颜色设置。

2. 线型的调用

(1)在功能区中依次单击"常用"→"特性"→"线型"。

(2)在主菜单中依次单击"格式"→"线型"。

(3)在图线属性工具条上单击线型控制栏 ⌐———— ByLayer ————⌐ 。

通过以上操作,可以在"线型"控制栏内选择在线型管理器中已设置的线型,如图 2-10 所示。

图 2-9 "选择颜色"对话框

图 2-10 "线型"控制栏

3. 线宽的选用

线宽的选用与线型调用相似。线宽从 0.00 到 2.11,单位为毫米(mm)或英寸(in),选择其一作为绘制图线的宽度,将在图纸打印时打印出真实线度。

在默认情况下,选用的线宽从 0.00 到 0.25,显示时粗细基本一致,这是因为我们在初始"线宽设置"时设置了"默认""显示线宽"的"调整显示比例",如图 2-11 所示。可以通过设置"默认""显示线宽"的"调整显示比例",使绘图区的线宽显示更加合理。调整后的线宽并不代表打印时的真实线宽,真实线宽是线宽设置时选择的宽度。

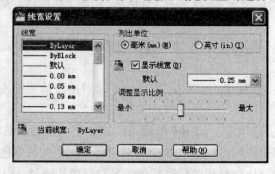

图 2-11 "线宽设置"对话框

(二)线型管理器

1.启动命令的方法

(1)在命令行中用键盘输入"Linetype"。

(2)在主菜单中点击"格式"→"线型"。

(3)在"图线特性"工具栏中点击"线型"→"其他"。

(4)在功能面板上选择"常用"→"特性"→"线型"→"其他"。

2.参数说明

启动命令后,系统就会弹出如图2-12所示的"线型管理器"对话框。

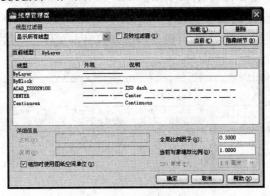

图2-12 "线型管理器"对话框

在该对话框中,我们可以通过点击"加载"按钮,在"加载和重载线型"对话框中来增加不同线型;对已添加的线型,可以删除,也可以把选定的线型置为当前来使用。如果需要了解线型细节,通过在"显示细节"与"隐藏细节"按钮之间转换。

在显示细节状态下,可以给线型设置"全局比例因子"。通过"全局比例因子",可以全局更改或分别更改每个对象的线型比例,可以以不同的比例使用同一种线型,即可以调整点画线和虚线每一画的长度及间隔。在默认情况下,全局线型和独立线型的比例均设置为1.0。比例越小,每个绘图单位中生成的重复图案数越多。对于太短,甚至不能显示一条虚线的直线,可以使用更小的线型比例。通常,建议对于A3幅面,线型的"全局比例因子"采用0.3～0.35;对于A2幅面,线型的"全局比例因子"采用0.36～0.4。

三、图层的创建与管理

(一)图层特性管理器

AutoCAD提供了图层特性管理器工具,用户通过对话框中的各个选项可以很方便地对图层进行设置,从而实现建立新图层、设置图层的颜色和线型等操作。

调用"图层特性管理器"对话框的方式有以下四种:

(1)在命令提示符下输入"Layer"命令,并按Enter键或空格键。

(2)在主菜单中选择"格式"→"图层"命令。

(3)工具栏:单击"图层"工具栏上的"图层特性管理器" 按钮。

(4)在功能区面板中单击"常用"→"图层"→"图层特性管理器" 按钮。

激活此命令后,显示"图层特性管理器"对话框,如图 2-13 所示。

在默认情况下,AutoCAD 在"图层特性管理器"对话框中提供了一个图层,该图层名称为"0",颜色为"白色",线型为"实线",线宽为"默认",并直接打开。可以修改 0 图层的特性,但不能删除或重命名 0 图层。

在图 2-13 中,有 4 个主要部分:

图层管理部分(见图 2-13 中的 1 部分):能够创建新图层、删除图层、将图层置为当前图层。

图层设置部分(见图 2-13 中的 2、4 部分):能够设置并修改图层的名称、颜色、线型、线宽,置为当前的图层,前面加有"✔"。

图层控制部分(见图 2-13 中的 3 部分):能够打开与关闭图层、冻结与解冻图层、加锁与解锁图层。

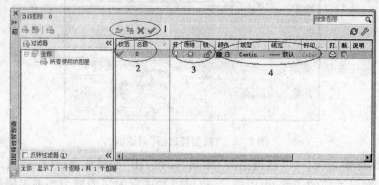

图 2-13　"图层特性管理器"对话框

(二)图层的创建

1. 新建图层

单击"图层特性管理器"对话框中的"新建"按钮,图层列表框中将显示新创建的图层。第一次新建图层时,列表框中将显示默认名为"图层 1"的图层,随后名称便递增为"图层 2"、"图层 3"等,此时所创建新图层的颜色和线型均与 0 图层相同。如果在新建图层之前选择了某个图层,则新创建图层的特性与此图层相同。

2. 删除图层

单击"删除"✕ 按钮,可以删除用户选中的图层。注意不能删除 0 图层、当前图层及已经使用的图层。

3. 将图层置为当前图层

单击"置为当前"✔ 按钮,将选中图层设置为当前图层。将要创建的对象会被放置到当前图层中。

(三)图层的设置

图层设置一般包括设置图层名称、设置图层颜色、图层线型和图层线宽四项内容。图层的命名应以便于记忆、简单、使用方便为原则;图层颜色的选用以图面清晰、对比分明为原则;图层线宽和图层线型的选用应符合国家及相关专业制图标准的要求。

1.修改图层名称

选择某一图层名称后单击"名称"选项,可修改该图层的名称。图层名称只能在图层特性管理器中修改,不能在图层控件中修改。通常情况下,图层名称应使用描述性的文字,例如标注、轴线、虚线等。

修改图层名称的方法为:先选中该图层名称,再单击该图层名称,此时出现文字编辑框,在文字编辑框中删除原图层名称,输入新图层名称,例如"虚线"等。

2.设置图层颜色

选定某图层,单击该图层对应的颜色选项,弹出"选择颜色"对话框。从调色板中选择一种颜色,或者在"颜色"文本框中直接输入颜色名(或颜色号),指定颜色。AutoCAD提供了丰富的颜色,共 255 种,以颜色号(ACI)来表示,颜色编号是从 1 到 255 中的整数,其中 1 到 7 号颜色为标准颜色。

3.设置图层线型

在所有新建的图层上,如果用户不指明线型,则按默认方式把该图层的线型设置为Continuous,即为实线。选定某图层,单击该图层对应的线型选项,系统弹出"选择线型"对话框,如图 2-14 所示。如果所需线型已经加载,可以直接在线型列表框中选择后单击"确定"按钮。

若没有所需线型,可单击"加载"按钮,将弹出"加载或重载线型"对话框,如图 2-15所示。在"加载或重载线型"对话框中,选中需要的线型,点击"确定"按钮,增加的线型显示在"选择线型"对话框的列表框中。如果要使用其他线型库中的线型,可单击"文件"按钮,弹出"选择线型文件"对话框,在该对话框的线型库中选择需要的线型。

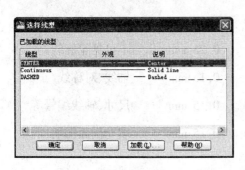

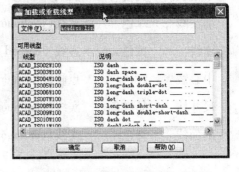

图 2-14 "选择线型"对话框   图 2-15 "加载或重载线型"对话框

4.设置图层线宽

如果用户要改变图层的线宽,可单击位于"线宽"栏下的图标,系统弹出"线宽"对话框。通过"线宽"对话框选择合适的线宽,然后单击"确定"按钮完成操作。

5.设置图层的可打印性

如果关闭某一图层的打印设置,那么在打印输出时就不会打印该图层上的对象。但是,该图层上的对象在 AutoCAD 中仍然是可见的。该设置只影响解冻图层。对于冻结图层,即使打印设置是打开的,也不会打印输出该图层。

(四)图层的管理

图层的控制管理包括打开/关闭图层、冻结/解冻图层和锁定/解锁图层。

1. 打开/关闭图层💡

如果图层被打开,则该图层上的图形可以在显示器上或打印机(绘图仪)上显示或输出;当图层被关闭时,被关闭的图层仍然是图形的一部分,但它们是被隐藏的,不可显示和输出。用户可以根据需要随意单击图标切换图层开关状态。

2. 冻结/解冻图层☼

如果图层被冻结,则该图层上的图形不被显示或绘制出来,它和被关闭的图层是相同的,但前者的实体不参加重生成、消隐、渲染或打印等操作,而被关闭的图层则要参加这些操作。所以,在复杂的图形中冻结不需要的图层可以大大加快系统重新生成图形时的速度。需要注意的是,用户不能冻结当前图层。

3. 锁定/解锁图层🔒

锁定图层并不影响图形实体的显示,但用户不能修改锁定图层上的实体,不能对其进行编辑操作。如果被锁定的图层是当前图层,用户仍可在该图层上作图。当只需将某一图层作为参考图层而不需对其修改时,可以将该图层锁定。

(五)图层的应用

在绘制工程图时,对图层的设置常根据线宽、线型和图线的专业用途来确定。一般情况下,可以设置如下一些图层(仅供参考):

图层名	颜色	线型	线宽	用途
粗实线	白色	实线(continuous)	0.5 mm	主要轮廓线
中粗线	蓝色	实线(continuous)	0.25 mm	门符号、洞口线等
细实线	绿色	实线(continuous)	0.15 mm	阳台、台阶、素线等
虚线	黄色	虚线(dashed)	0.25 mm	不可见轮廓线
中心线	红色	点画线(center)	0.15 mm	轴线、对称线
尺寸线	品红色	实线(continuous)	0.15 mm	尺寸、轴线编号等
剖面线	青色	实线(continuous)	0.15 mm	填充剖面图案

在实际应用中,对图层的颜色设置没有硬性的规定,但要按图面清晰、便于识读的原则来设置。

设置好图层后,在"AutoCAD 经典"工作空间里有一个"图层"工具条和一个"特性"工具条,见图 2-16;在"二维草图与注释"工作空间里有一个"图层"面板和一个"特性"面板,见图 2-17。

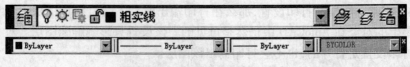

图 2-16 "图层"与"特性"工具条

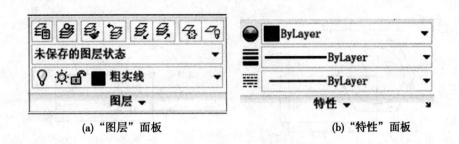

| (a)"图层"面板 | (b)"特性"面板 |

图 2-17 "图层"与"特性"面板

在图层区域单击,弹出"图层特性管理器",在"图层特性管理器"中出现设置好的图层,包括图层状态控制按钮和图层名称。可以在此选择需要的图层作为当前图层进行绘图,同时可以对相应图层进行开关、冻结和锁定等操作。

在图层特性区域,随选定图层出现图层颜色、图层线宽、图层线型,其中打印样式一般呈灰色显示。在特性区域不同的选项中单击,可以选择不同的颜色、线宽和线型。如果图层已经设置完毕,进行分图层绘图时,则切记最好不要在特性区域修改以上内容,按照ByLayer(随图层)或 ByBlock(随块)绘制,否则图层特性混乱,会为以后修改带来很多麻烦。

第四节　设置绘图辅助功能

一、对象选择、编组及设置

(一)图形对象的选择

对已绘制好的图形对象编辑及修改时均要进行选择。在 AutoCAD 中,选择对象的方法很多,不同的对象有不同的选择方法。各种选择对象的方法可在同一命令中交叉使用。无论使用哪种方法,当系统提示用户选择对象时,AutoCAD 中的十字光标都变成拾取框。常用的选择方式有以下几种。

1. 单个选择方式

单个选择方式一次只能选中一个对象。在出现"选择对象:"提示时(命令行出现"选择对象:"或"Select Object:"),鼠标变成一个小方块(拾取框),如图 2-18 所示。将拾取框移动到对象上,然后单击鼠标左键,对象变虚则表示被选中。

图 2-18　选择拾取框

2. 窗口选择方式

窗口选择方式可选中完全位于窗口之内的对象。在出现"选择对象:"提示时,先给出窗口左方第一个角点(如点 1),然后向右侧移动鼠标,显示出一个细实线矩形,再选择窗口右方第二个角点(如点 2),此时完全位于窗口之内的对象变成虚线,表示被选中,如图 2-19 所示。该方式一次可以选取多个对象。如果一个对象仅是部分在矩形窗口内,那么选择集中不包含该对象。

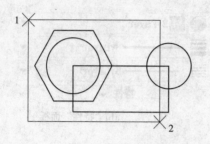 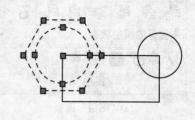

图 2-19　窗口选择方式

3. 窗交选择方式

窗交选择方式可选中完全和部分位于窗口之内的对象。在出现"选择对象:"提示时,先给出窗口右方第一个角点(如点 1),然后向左侧移动鼠标,显示出一个虚线矩形,再选择窗口左方第二个角点(如点 2),此时完全和部分位于窗口之内的对象变成虚线,表示被选中,如图 2-20 所示。该方式一次可以选取多个对象。如果一个对象仅是部分在矩形窗口内,那么选择集中包含该对象。

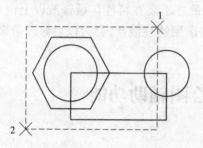 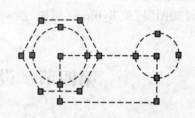

图 2-20　窗交选择方式

4. 编组选择方式

使用预先定义的对象组作为选择集。预先将若干个图形对象编成组,可用已定义的组名引用,直接选择指定组中的全部对象。在出现"选择对象:"提示时,键入"G"(Group),命令行提示"输入编组名:",可输入已定义的组名,则可选择指定组中的全部对象。

5. 其他常用方式

在出现"选择对象:"提示时,键入"L"(Last),表示所选的是最近一次绘制的可见图形对象,对象必须在当前空间(模型空间或图纸空间)中,并且一定不要将对象的图层设置为冻结或关闭状态;键入"Cp",可用任意形状的封闭多边形窗口选取对象;键入"All",表示所选取的是全部图形对象(冻结图层和锁定图层除外);键入"R"(Remove),再用鼠标直接点取相应对象,将其移出选择集(删除模式的替换模式是在选择单个对象时按下Shift 键);键入"U"(Undo),则放弃所有选择。

(二)对象编组

在 AutoCAD 中,可以将图形对象进行编组,以创建一种选择集,使对象编辑更加灵活。编组是保存的对象集合,可以根据需要同时选择和编辑这些对象,也可以分别进行。编组提供了以组为单位操作图形元素的简单方法。

在命令行中输入"G"(Group),按回车键,可打开如图 2-21 所示的"对象编组"对话

· 22 ·

框,在"编组标志"选项组的"编组名"文本框中可输入编组名(如"几何图形"),单击"新建"按钮,切换到绘图窗口,此时选择"几何图形"编组中的所有图形对象,按回车键结束对象选择,返回到"对象编组"对话框,单击"确定"按钮,完成对象编组。

可以通过添加或删除对象来更改编组的部件。使用"对象编组"对话框,可以随时指定要添加到编组的对象或要从编组中删除的对象;也可以修改编组的名称或说明。如果从编组中删除对象,使编组为空,则编组仍将保持定义状态,但没有任何成员。

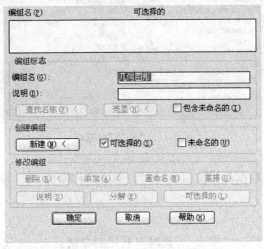

图 2-21 "对象编组"对话框

(三)选择模式的设置

1. 启动命令的方法

(1)在命令行中用键盘输入"Options"。

(2)在主菜单中点击"工具"→"选项"→"选择集"。

(3)单击应用程序菜单,选择"选项"→"选择集"。

2. 执行命令的过程

执行"Options"命令后,系统弹出如图 2-22 所示的"选项"对话框。

3. 参数说明

在该对话框中,我们只介绍"拾取框大小"和"选择集模式"两个区域。

(1)"拾取框大小":用户可以通过滑块的移动来调节拾取框的大小。

(2)"选择集模式"。

"先选择后执行":选择该复选框后,表示先选择几何元素,然后执行编辑命令。

"用 Shift 键添加到选择集":选择该复选框后,表示在选择第一个几何元素后,按住Shift 键才可以添加新的几何元素。

"按住并拖动":选择该复选框后,表示在选择图形时应按住鼠标左键进行拖动选择。

"隐含选择窗口中的对象":选择该复选框后,表示在选择图形时隐含窗口。

"对象编组":选择该复选框后,表示若选择编组中的一个对象,就选择了编组中的所有对象。

"关联填充":选择该复选框后,表示在选择带填充的图形时,边界也被选择。

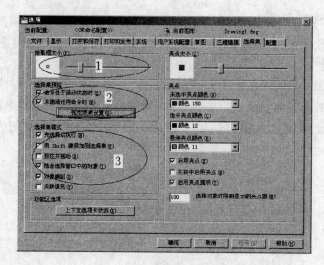

图 2-22 "选项"对话框

4.注意事项

对于选择模式,应根据具体情况和绘图习惯来进行设置,而不要盲目地进行设置。

二、捕捉设置

在绘图时,需要用到一些特殊点,此时可利用对象捕捉对这些点准确定位。

(一)单点捕捉

在任意"标准"工具栏上,点击鼠标右键,出现工具栏快捷菜单,勾选"对象捕捉",则出现"对象捕捉"工具栏,如图 2-23 所示。

图 2-23 "对象捕捉"工具栏

在"对象捕捉"工具栏上单击相应捕捉模式,即可进行捕捉。

在绘图区中,按住 Shift 或 Ctrl 键,同时单击鼠标右键,可以调出"对象捕捉"快捷菜单,如图 2-24 所示。

(1)⊶:临时追踪点。

(2)⊡:捕捉自某一点。

(3)∕:捕捉实体的端点。

(4)∕:捕捉实体的中点。

(5)✕:捕捉实体的交点。

(6)✕:捕捉实体的外观交点。

(7)⎯:捕捉实体延长线上的点。

(8)◎:捕捉圆和圆弧的圆心。

(9)◈:捕捉圆和圆弧与中心线的交点。

(10)○:捕捉直线与圆弧、圆弧与圆弧的切点。

(11)⊥:捕捉垂足。

（12）⬜：捕捉与某线平行的点。

（13）⬜：捕捉节点。

（14）⬜：捕捉图块的插入点。

（15）⬜：捕捉实体上最靠近光标的点。

（16）⬜：无捕捉。

（17）⬜：对象捕捉设置。

例：绘制已知两圆（见图2-25）的公切线。

操作步骤如下：

（1）点击"直线"⬜命令按钮。

（2）点击"对象捕捉"工具栏上的"捕捉切点"
⬜按钮，在小圆周上点击鼠标左键，找到一个切点。

（3）点击"捕捉切点"⬜按钮，在大圆周上点击
鼠标左键，按回车键结束，结果如图2-26所示。

（二）固定捕捉

精确绘图时固定对象捕捉非常重要。单一对
象捕捉是一种临时性的捕捉，选择一次捕捉模式只

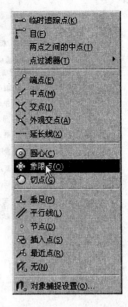

图2-24 "对象捕捉"快捷菜单

能捕捉到一个点，固定对象捕捉模式是固定在一种或数种捕捉模式下，启用后可自动执行
已设置的捕捉。一般将常用的几种对象捕捉模式设成固定对象捕捉。

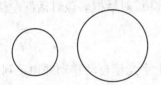

图2-25 已知两圆

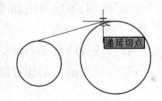

图2-26 绘制两圆公切线

1．启动命令的方法

（1）在命令行中用键盘输入"Osnap"。

（2）在主菜单中点击"工具"→"草图设置"。

（3）在"对象捕捉"工具栏上单击"对象捕捉设置"按钮。

（4）用右键单击状态栏上的"对象捕捉设置"⬜按钮。

2．执行命令的过程

执行"Osnap"命令后，系统会弹出如图2-27所示的"草图设置"对话框。

3．参数说明

在图2-27所示的"草图设置"对话框中：

（1）"启用对象捕捉（F3）"开关：控制固定对象捕捉的打开和关闭。

（2）"启用对象捕捉追踪（F11）"开关：控制捕捉追踪的打开和关闭。

（3）"对象捕捉模式"区：共有13种固定捕捉模式，可以选择其中的一种或数种固定
捕捉模式为一组固定对象捕捉模式。具体运用时，全选可以捕捉到需要的点，但这些点有

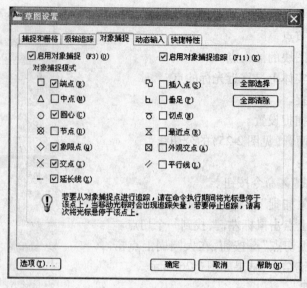

图 2-27 "草图设置"对话框

时距离太近则无法精确选择需要的点。最好是先全部清除,再根据需要设置捕捉点,但有时需要进行来回转换。常用端点、中点、圆心、交点和切点,其次为象限点、垂足和节点。

(4)"选项"按钮:

单击"选项"按钮,系统弹出如图 2-28 所示的"选项"对话框。该对话框左侧是"自动捕捉设置"区。

"标记":打开或关闭自动捕捉标记。

"磁吸":打开或关闭自动捕捉磁吸。磁吸是指十字光标自动移动并锁定到最近的捕捉点上。

"显示自动捕捉工具提示":打开或关闭自动捕捉工具栏提示。工具栏提示是一个标签,用文字说明描述捕捉到的一个捕捉点。

"自动捕捉靶框":打开或关闭自动捕捉靶框。靶框是捕捉对象时出现在十字光标内部的方框。

"颜色":指定自动捕捉标记的颜色。

"自动捕捉标记大小":设置自动捕捉标记的显示尺寸。

(三)自动捕捉

自动捕捉分为极轴追踪捕捉与对象追踪捕捉,具体操作如下。

1. 极轴追踪捕捉

打开极轴和对象捕捉,移动光标到设置好的极轴角的位置处,在动点与上一点之间产生一条虚线,并显示出极轴角和极轴长度,如图 2-29 所示。

2. 对象追踪捕捉

打开极轴和对象追踪,移动光标到需要对应的两点位置,结果在两点之间产生两条相交虚线,并显示出极轴角,如图 2-30 所示。

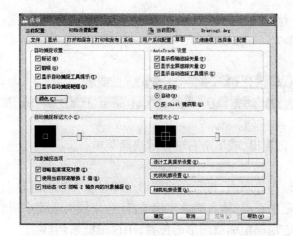

图 2-28 "选项"对话框

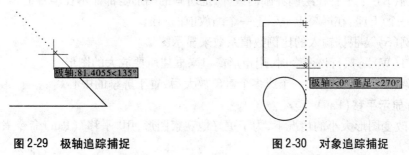

图 2-29 极轴追踪捕捉   图 2-30 对象追踪捕捉

有时极轴、对象捕捉和对象追踪同时打开,三者协同操作对绘图更有利,如图 2-31 所示。

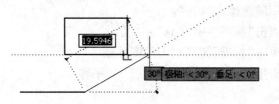

图 2-31 对象捕捉

三、视图的显示控制

在绘图过程中,要经常地对所绘图形进行放大或缩小,以便能准确地观察图形。常用的显示控制命令有显示缩放、显示平移、鸟瞰视图、重画和重生成等。只有正确熟练地掌握这些命令的使用方法,才能提高绘图速度,保证绘图质量。

(一)显示缩放(Zoom)

1. 启动命令的方法

(1)在命令行中用键盘输入"Zoom"。

(2)在主菜单中点击"视图"→"缩放"。

(3)用鼠标左键单击"缩放"工具栏上的图标,见图 2-32。

图 2-32 "缩放"工具栏

(4)在功能选项卡中选择"视图"→"导航"→"缩放"。

2.执行命令的过程

命令:_zoom

指定窗口的角点,输入比例因子(nX 或 nXP),或者

[全部(A)/中心(C)/动态(D)/范围(E)/上一个(P)/比例(S)/窗口(W)/对象(O)]

<实时>:

按 Esc 或 Enter 键退出,或单击右键显示快捷菜单。

3.参数说明

"全部(A)":在绘图界限内,将所画的图形全部显示在当前屏幕上。

"中心(C)":指定中心点,输入缩放比例或高度,来放大或缩小图形。

"动态(D)":动态地确定缩放图形的位置,用视图框来调整。

"范围(E)":不管在绘图界限内或外,把所画的图形全部显示在屏幕上。

"上一个(P)":在屏幕上显示上一个缩放前的图形。

"比例(S)":根据输入的比例数值系数来显示图形。

"窗口(W)":执行该命令时,用矩形窗口来框住所要放大的图形。

"对象(O)":将选定的一个或多个对象放大后,置于屏幕的中心。

(二)显示平移(Pan)

在不改变图形大小的情况下,为了更好地观察图形,用"平移"(Pan)命令来移动屏幕上的图形。

1.启动命令的方法

(1)在命令行中用键盘输入"Pan"。

(2)在主菜单中点击"视图"→"平移"→"实时"。

(3)用鼠标左键单击"标准"工具栏上的图标。

(4)在功能选项卡中选择"视图"→"导航"→"平移"。

(5)在栏中点击。

2.执行命令的过程

命令:_ pan

按 Esc 或 Enter 键退出,或单击右键显示快捷菜单。

3.参数说明

在执行完"Pan"命令后,屏幕上的十字光标就变成了一只小手,当我们按住左键进行移动时,屏幕上的图形也随着光标的移动而移动。将图形移动到合适位置后,可以按 Esc 键或 Enter 键退出,也可单击鼠标右键,在显示的快捷菜单中选择退出。

4.注意事项

在图 2-33 中提供了六种显示平移的方式,其中"定点"平移可以通过指定基点和位移值来平移视图。

对于三键鼠标,按下鼠标滚轮不松,光标变成手状,可以实施平移操作。

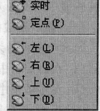

图 2-33　平移

(三)重画

在绘图过程中有时会残留下一些无用的标记,"重画"(Redraw)命令用来刷新当前视口中的显示,可以删除某些编辑操作时留在显示区域中的加号形状的标记(称为点标记)和杂散像素。

启动命令的方法如下:

(1)在命令行中用键盘输入"Redraw"或"Redrawall"。

(2)在主菜单中点击"视图"→"重画"。

(四)重生成

在当前视口中重生成整个图形并重新计算所有对象的屏幕坐标,还重新创建图形数据库索引,从而优化显示和对象选择的性能。

启动命令的方法如下:

(1)在命令行中用键盘输入"Regen"或"Regenall"。

(2)在主菜单中点击"视图"→"重生成"。

"重画"(Redraw)比"重生成"(Regen)命令速度快;"重画"(Redraw)与"重生成"(Regen)只刷新或重生成当前视口;"全部重画"(Redrawall)与"全部重生成"(Regenall)可以刷新或重生成全部视口。

思考题

1.什么是图层?图层有什么作用?

2.图层有哪些特性?应如何进行设置?

3.在图层特性管理器中,可实现哪些操作?

4.关闭图层与冻结图层有什么异同?

5.选择对象的方法有哪些?有什么区别?

6.使用对象捕捉有什么优点?

7.重画与重生成有什么区别?

8.鼠标滚轮有哪些操作?

9.打开一个指定的 AutoCAD 文件,并进行以下操作:

(1)用"平移" ⊠命令将打开的图形移到绘图区的中央,用"缩放"命令对图形进行局部与整体缩放,观察图形内容,也可以将鼠标滚轮和鼠标左键配合使用,对图形进行观察。

(2)打开"图形特性管理器",观察本图形文件的图层设置情况,并根据自己对图形构造的理解,对图层进行颜色、线型、线宽修改,并观察修改后的图形变化。

(3)在打开的"图形特性管理器"中,对相关图层进行开关、图层冻结和图层锁定控制操作,观察控制后的图形变化。

(4)选择"文件"→"另存为"命令,将修改完的文件以新的名称(学生学号)保存为"AutoCAD 2010 图形(∗.dwg)"格式文件。

(5)将修改完的文件分别保存为"AutoCAD 2007/LT2007 图形(∗.dwg)"、"AutoCAD 图形标准文件(∗.dws)"和"AutoCAD 图形样板文件(∗.dwt)"。

10. 结合建筑制图标准,参考以下要求,设置建筑平面图的图层。

图层名	颜色	线型	线宽	用途
粗实线	白色	实线	0.5 mm	墙线、建筑轮廓线
中粗线	40	实线	0.25 mm	门符号、洞口线等
细实线	品红色	实线	0.15 mm	阳台、台阶等
虚线	黄色	虚线	0.25 mm	不可见线
中心线	红色	点画线	0.15 mm	轴线
尺寸线	绿色	实线	0.15 mm	尺寸、轴线编号等
剖面线	青色	实线	0.15 mm	填充剖面图案
文字	30	实线	0.15 mm	注写文字
门窗	10	实线	0.15 mm	门窗符号
楼梯	20	实线	0.15 mm	楼梯
柱子	蓝色	实线	0.15 mm	填充柱截面

第三章　生成图形文件

　　AutoCAD 提供了许多种绘制图形的命令,用户可以通过"绘图"菜单调用这些绘制图形的命令,也可以在"绘图"工具栏中调用这些绘制图形的命令。有些命令只能在命令行中输入,而有些命令通过"绘图"下拉菜单或"绘图"工具栏就能够很方便地启动。

　　在 AutoCAD 中,绘图和编辑命令是通过以下三种方式来调用的:

　　(1)单击"绘图"工具栏(见图 3-1)或"编辑"工具栏(见图 3-2)中的图标。

　　(2)单击"绘图"下拉菜单(见图 3-3)或"修改"下拉菜单(见图 3-4)中的命令。

　　(3)如果既没有图标,也没有下拉菜单,可直接从键盘输入命令。

图 3-1　"绘图"工具栏

图 3-2　"编辑"工具栏

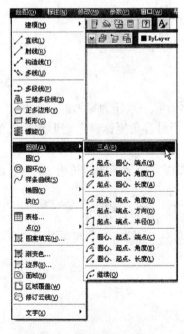

图 3-3　"绘图"下拉菜单

图 3-4　"修改"下拉菜单

第一节 绘制平面图形的基本方法

一、直线

(一)直线段

直线是构成平面图形最基本的对象,利用"Line"命令绘图是最基本的绘图操作。

1. 功能

绘制直线段。

2. 命令格式

(1)在"绘图"工具栏中单击图标✎。

(2)单击菜单栏中的"绘图"→"直线"命令。

(3)由键盘输入命令:l↙(Line 的缩写)。

选择上述任一方式输入命令,命令行提示:

命令:_line

指定第一点: (输入直线段的第一点)

指定下一点或[放弃(U)]:   (指定下一点,如输入"u",则放弃第一点)

指定下一点或[放弃(U)]:   (指定下一点,如输入"u",则放弃上一点)

指定下一点或[闭合(C)/放弃(U)]:↙   (结束命令。若输入"c",则与第一点相连,并结束命令)

【例3-1】 用"直线"命令,绘制长为 100、宽(高)为 80 的矩形。

绘图步骤如下。

执行"Line"命令,AutoCAD 提示:

命令:_line

指定第一点: (在绘图区的任意位置用鼠标拾取一点作为矩形的左下角点)

指定下一点或[放弃(U)]:@100,0↙   (用相对直角坐标确定矩形水平边的右端点,绘出长 100 的水平边)

指定下一点或[放弃(U)]:@80<90↙   (用相对极坐标绘制长为 80 的垂直边)

指定下一点或[闭合(C)/放弃(U)]:@ -100,0↙

指定下一点或[闭合(C)/放弃(U)]:c↙   (闭合图形)

【例3-2】 用"直线"命令,绘制边长为 150 的等边三角形,三角形底边水平放置,且三角形右下角点的坐标为(200,200)。

绘图步骤如下。

执行"Line"命令,AutoCAD 提示:

命令:_line

指定第一点:200,200↙

指定下一点或[放弃(U)]:@ -150,0↙

指定下一点或[放弃(U)]:@150<60↙   (相对极坐标。等边三角形的内角

是60°)

指定下一点或［闭合（C）/放弃（U）］：c✓

（二）构造线

构造线是双向无限延长的直线，没有起点和终点，主要用来绘制辅助线。

1.功能

利用"Xline"命令可以创建无限延长的线，可用作创建其他对象的参照。

2.命令格式

（1）在"绘图"工具栏中单击图标 ✓。

（2）单击菜单栏中的"绘图"→"构造线"命令。

（3）由键盘输入命令：xl✓（Xline 的缩写）。

二、圆

圆是组成复杂图形的基本元素，它在绘图过程中使用的频率相当高。

（一）功能

利用"Circle"命令可创建圆，有多种画圆的方式（见图3-5）。

（二）命令格式

（1）在"绘图"工具栏中单击图标 ⊙。

（2）单击菜单栏中的"绘图"→"圆"命令。

（3）由键盘输入命令：c✓（Circle 的缩写）。

选择上述任一方式输入命令，命令行提示：

命令：_circle

指定圆的圆心或［三点（3P）/两点（2P）/相切、相切、半径（T）］：

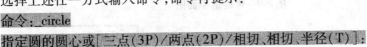

图3-5　画圆的方式

（三）选项说明

指定圆的圆心：该选项为命令的默认选项。

三点（3P）：该选项表示用圆上三点确定圆的大小和位置。

两点（2P）：该选项表示以给定两点为直径画圆。

相切、相切、半径（T）：该选项表示要画的圆与两条线段相切。

相切、相切、相切（A）：该选项表示作一个与三条线段均相切的圆。此选项只能通过下拉菜单输入，即单击菜单栏中的"绘图"→"圆"→"相切、相切、相切"命令。

【例3-3】　用"圆"和"直线"命令，绘制如图3-6所示带轮的平面图。

绘图步骤如下。

（1）执行"圆"命令，命令行提示：

命令：_circle

指定圆的圆心或［三点（3P）/两点（2P）/相切、相切、半径（T）］：　　　（任意拾取圆心点）

指定圆的半径或［直径（D）］<0.0000>：5✓　　　（输入第一个圆的半径，结束命令）

（2）单击"圆"图标 ⊙，命令行提示：

命令:_circle

指定圆的圆心或[三点(3P)/两点(2P)/相切、相切、半径(T)]:@30,0✓　　　（用相对坐标输入第二个圆的圆心点）

指定圆的半径或[直径(D)]<5.0000>:10✓　　　（输入第二个圆的半径,结束命令）

（3）单击"直线"图标✓,命令行提示：

命令:_line

指定第一点:　　　　（单击"捕捉到切点"图标○）

指定第一点:_tan 到　　　（在小圆大致切点处拾取一点,再单击"捕捉到切点"图标○）

指定下一点或[放弃(U)]:_tan 到　　　（在大圆大致切点处拾取一点,画出公切线）

指定下一点或[放弃(U)]:✓　（结束命令）

（4）重复上一步的操作,完成另一条公切线的绘制。

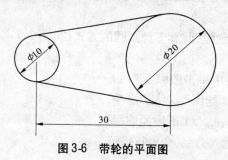

图 3-6　带轮的平面图

三、圆弧

要绘制圆弧,可以使用指定圆心、端点、起点、半径、角度、弦长和方向值等各种组合形式。

（一）功能

利用"Arc"命令可以根据多种方式来绘制圆弧。

（二）命令格式

（1）在"绘图"工具栏中单击图标。

（2）单击菜单栏中的"绘图"→"圆弧"命令。

（3）由键盘输入命令:a✓（Arc 的缩写）。

（三）绘制圆弧的方法

绘制圆弧的方法有十一种(见图 3-7),常用的有以下五种。

| 三点(P) |
| 起点、圆心、端点(S) |
| 起点、圆心、角度(T) |
| 起点、圆心、长度(A) |
| 起点、端点、角度(N) |
| 起点、端点、方向(D) |
| 起点、端点、半径(R) |
| 圆心、起点、端点(C) |
| 圆心、起点、角度(E) |
| 圆心、起点、长度(L) |
| 继续(O) |

图 3-7　绘制圆弧的方式

（1）三点(P)。

该选项为默认选项。依次输入圆弧上三点的坐标来确定圆弧。

（2）起点、圆心、端点(S)。

选择该选项后,命令行提示：

命令:_arc

指定圆弧的起点或[圆心(C)]: （输入圆弧的起点）

指定圆弧的第二个点或[圆心(C)/端点(E)]:c✓ （指定圆弧的圆心;输入圆弧的圆心）

指定圆弧的端点或[角度(A)/弦长(L)]: （输入圆弧的终点）✓

注意:圆弧只能从起点到终点,按逆时针方向绘制,所以绘图的起点和终点次序不能出错。

(3)起点、端点、半径(R)。

选择该选项后,命令行提示:

命令:_arc

指定圆弧的起点或[圆心(C)]: （输入圆弧的起点）

指定圆弧的第二个点或[圆心(C)/端点(E)]:e✓

指定圆弧的端点: （输入圆弧的终点）

指定圆弧的圆心或[角度(A)/方向(D)/半径(R)]:r✓ （指定圆弧的半径;输入圆弧的半径,按逆时针画圆弧。当半径为负值时,画圆心角大于180°的圆弧）

(4)起点、端点、角度(N)。

选择该选项后,命令行提示:

命令:_arc

指定圆弧的起点或[圆心(C)]: （输入圆弧的起点）

指定圆弧的第二个点或[圆心(C)/端点(E)]:e✓

指定圆弧的端点: （输入圆弧的终点）

指定圆弧的圆心或[角度(A)/方向(D)/半径(R)]:a✓ （指定包含角;输入圆弧的包角,即圆心角。当角度为正时,按逆时针画圆弧。当角度为负时,按顺时针画圆弧）

(5)继续(O)。

选择该选项后,命令行提示:

命令:_arc

指定圆弧的起点或[圆心(C)]:✓ （以上一次所画线段的最后一点为起点）

指定圆弧的端点: （输入圆弧终点,画出与上一线段相切的圆弧）

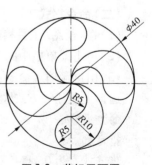

图3-8 花坛平面图

【例3-4】 用"圆"和"圆弧"命令,绘制如图3-8所示的花坛平面图。

绘图步骤如下。

(1)单击"圆"图标◎,命令行提示:

命令:_circle

指定圆的圆心或[三点(3P)/两点(2P)/相切、相切、半径(T)]: （任意拾取圆心点）

指定圆的半径或[直径(D)]<0.0000>:20↙   (输入第一个圆的半径,结束命令)

(2)单击菜单栏中的"绘图"→"圆弧"→"起点、端点、角度"命令,命令行提示:

命令:_arc

指定圆弧的起点或[圆心(C)]:   (捕捉 φ40 圆的圆心)

指定圆弧的第二个点或[圆心(C)/端点(E)]:e↙

指定圆弧的端点: (捕捉 φ40 圆的象限点)

指定圆弧的圆心或[角度(A)/方向(D)/半径(R)]:a↙

指定包含角:180↙   (输入圆心角,结束命令)

(3)单击菜单栏中的"绘图"→"圆弧"→"起点、端点、半径"命令,命令行提示:

命令:_arc

指定圆弧的起点或[圆心(C)]:   (捕捉 φ40 圆的象限点)

指定圆弧的第二个点或[圆心(C)/端点(E)]:e↙

指定圆弧的端点: (捕捉 R10 圆弧的圆心)

指定圆弧的圆心或[角度(A)/方向(D)/半径(R)]:r↙

指定圆弧的半径:5↙   (输入圆弧的半径,结束命令)

(4)单击菜单栏中的"绘图"→"圆弧"→"继续(O)"命令,命令行提示:

命令:_arc

指定圆弧的起点或[圆心(C)]:↙

指定圆弧的端点: (捕捉 φ40 圆的象限点,结束命令)

(5)重复第(2)、(3)、(4)步的操作,完成另外三个相同部分的线段绘制。

四、多段线

(一)功能

绘制由连续的直线和圆弧组成的线段组,并可随意设置线宽。

(二)命令格式

(1)在"绘图"工具栏中单击图标 ➷。

(2)单击菜单栏中的"绘图"→"多段线"命令。

(3)由键盘输入命令:pl↙(Pline 的缩写)。

选择上述任一方式输入命令,命令行提示:

命令:_pline

指定起点: (输入起点坐标值)

当前线宽为 0.0000   (显示当前线宽)

指定下一个点或[圆弧(A)/半宽(H)/长度(L)/放弃(U)/宽度(W)]:

(三)选项说明

指定下一个点:该选项为默认选项。指定多段线的下一点,生成一段直线。

圆弧(A):该选项表示由绘制直线方式转为绘制圆弧方式,且绘制的圆弧与上一线段相切。

半宽(H):指定下一线段宽度的一半数值。

长度(L):将上一线段延伸指定的长度。

宽度(W):指定下一线段的宽度数值。

【例 3-5】 用"多段线"命令,绘制如图 3-9 所示的花格窗立面图。

图 3-9 花格窗立面图

绘图步骤如下:

(1)在状态栏中打开"正交"、"对象捕捉"和"对象追踪"。

(2)单击"多段线"图标 ,命令行提示:

命令:_pline

指定起点: （任意拾取一点）

当前线宽为 0.0000

指定下一个点或[圆弧(A)/半宽(H)/长度(L)/放弃(U)/宽度(W)]: 40↙（光标向右移)

指定下一点或[圆弧(A)/闭合(C)/半宽(H)/长度(L)/放弃(U)/宽度(W)]: 40↙（光标向上移)

指定下一点或[圆弧(A)/闭合(C)/半宽(H)/长度(L)/放弃(U)/宽度(W)]: 40↙（光标向左移)

指定下一点或[圆弧(A)/闭合(C)/半宽(H)/长度(L)/放弃(U)/宽度(W)]: c↙（完成正方形的绘制,结束命令)

(3)单击空格键,重复多段线操作,命令行提示:

命令:_pline

指定起点:@10,-10↙ （输入相对坐标,即相对刚才绘制的正方形左上角点的坐标值)

当前线宽为 0.0000

指定下一个点或[圆弧(A)/半宽(H)/长度(L)/放弃(U)/宽度(W)]:20↙（光标向下移)

指定下一点或[圆弧(A)/闭合(C)/半宽(H)/长度(L)/放弃(U)/宽度(W)]:a↙

指定圆弧的端点或[角度(A)/圆心(CE)/闭合(CL)/方向(D)/半宽(H)/直线(L)/半径(R)/第二个点(S)/放弃(U)/宽度(W)]:20↙（光标向右移)

指定圆弧的端点或[角度(A)/圆心(CE)/闭合(CL)/方向(D)/半宽(H)/直线(L)/半径(R)/第二个点(S)/放弃(U)/宽度(W)]:l↙

指定下一点或[圆弧(A)/闭合(C)/半宽(H)/长度(L)/放弃(U)/宽度(W)]:20↙（光标向上移)

指定下一点或[圆弧(A)/闭合(C)/半宽(H)/长度(L)/放弃(U)/宽度(W)]:a↙

指定圆弧的端点或[角度(A)/圆心(CE)/方向(D)/半宽(H)/直线(L)/半径(R)/第二个点(S)/放弃(U)/宽度(W)]:cl↙ （结束命令)

(4)重复第(2)步的操作,完成另一个多段线的绘制。

五、矩形

(一)功能

绘制矩形。

(二)命令格式

(1)在"绘图"工具栏中单击图标口。

(2)单击菜单栏中的"绘图"→"矩形"命令。

(3)由键盘输入命令:rec ✓(Rectangle 的缩写)。

选择上述任一方式输入命令,命令行提示:

命令:_reetang

指定第一个角点或[倒角(C)/标高(E)/圆角(F)/厚度(T)/宽度(W)]:

(三)选项说明

倒角(C):用于设置矩形各倒角的距离。

标高(E):用于设置三维图形的高度位置。实体的高度为基于用户坐标系(USC)XY面的距离,正负与 Z 轴方向一致。

圆角(F):用于设置矩形四个圆角的半径大小。

厚度(T):用于设置实体的厚度,即实体在高度方向延伸的距离。

宽度(W):用于设置矩形的线宽。

指定第一个角点:该选项为缺省选项。

以上每个选项设置完成后,都回到原有的提示行形式。

【例 3-6】 绘制如图 3-10 所示的圆角矩形。

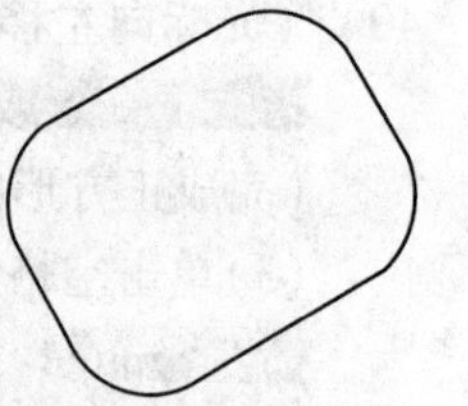

绘图步骤如下。

命令:_rectang

图 3-10 圆角矩形

指定第一个角点或[倒角(C)/标高(E)/圆角(F)/厚度(T)/宽度(W)]:f ✓
(输入圆角参数)

指定矩形的圆角半径 <0.0000>:10 ✓   (输入圆角半径)

指定第一个角点或[倒角(C)/标高(E)/圆角(F)/厚度(T)/宽度(W)]:w ✓
(输入宽度参数)

指定矩形的线宽 <0.0000>:0.5 ✓   (输入宽度值)

指定第一个角点或[倒角(C)/标高(E)/圆角(F)/厚度(T)/宽度(W)]:   (单击指定矩形的第一个角点)

指定另一个角点或[面积(A)/尺寸(D)/旋转(R)]:r ✓   (输入旋转参数)

指定旋转角度或[拾取点(P)] <0>:30 ✓   (输入旋转角度)

指定另一个角点或[面积(A)/尺寸(D)/旋转(R)]:d ✓   (选择指定矩形的尺寸)

指定矩形的长度 <10.0000>:40 ✓   (指定矩形的长度尺寸)

指定矩形的宽度 <10.0000>:30 ✓   (指定矩形的宽度尺寸)

六、正多边形

(一)功能
绘制边数为 3~1 024 的正多边形。

(二)命令格式
(1)在"绘图"工具栏中单击图标◯。

(2)单击菜单栏中的"绘图"→"矩形"命令。

(3)由键盘输入命令:po ✓(Polygon 的缩写)。

选择上述任一方式输入命令,命令行提示:

命令:_polygon

输入边的数目<4>:   (输入正多边形的边数,默认为4)

指定正多边形的中心点或[边(E)]:

(三)选项说明
指定正多边形的中心点:该选项为默认选项,用多边形中心确定多边形位置。

边(E):根据正多边形的边长绘制正多边形。

【例3-7】 用"圆"、"正多边形"和"圆弧"命令,绘制如图 3-11 所示的花坛平面图。

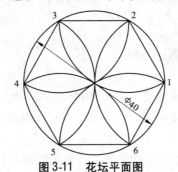

图3-11 花坛平面图

绘图步骤如下:

(1)在状态栏中打开"正交"、"对象捕捉"。

(2)单击"圆"图标◯,命令行提示:

命令:_circle

指定圆的圆心或[三点(3P)/两点(2P)/相切、相切、半径(T)]:   (任意拾取圆心点)

指定圆的半径或[直径(D)]<0.0000>:20 ✓   (输入圆的半径,结束命令)

(3)单击"正多边形"图标◯,命令行提示:

命令:_polygon

输入边的数目<4>:6 ✓   (输入正多边形的边数)

指定正多边形的中心点或[边(E)]:   (拾取圆心点为正六边形的中心)

输入选项[内接于圆(I)/外切于圆(C)]<I>:✓   (选择内接于圆方式画正六边形)

指定圆的半径：　　　　　　（拾取圆的左象限点或右象限点,确定半径,结束命令）

(4) 单击"圆弧"图标 ⏝,命令行提示:

命令:_arc

指定圆弧的起点或[圆心(C)]:　　　　　（拾取正六边形的第 1 角点为圆弧的起点）

指定圆弧的第二个点或[圆心(C)/端点(E)]:　　　　（拾取圆心为圆弧的第 2 角点）

指定圆弧的端点:　　　　　（拾取正六边形的第 3 角点为圆弧的终点,结束命令）

(5) 重复上述操作,完成其余 5 段圆弧的绘制。

七、椭圆

(一)绘制椭圆或椭圆弧

1. 功能

绘制椭圆或椭圆弧。图 3-12 为绘制椭圆的几种方式。

2. 命令格式

(1) 在"绘图"工具栏中单击图标 ⬭。

(2) 单击菜单栏中的"绘图"→"椭圆"命令。

(3) 由键盘输入命令:el ↙(Ellipse 的缩写)。

选择上述任一方式输入命令,命令行提示:

命令:_ellipse

指定椭圆的轴端点或[圆弧(A)/中心点(C)]:

图 3-12　绘制椭圆的方式

3. 选项说明

指定椭圆的轴端点:该选项为默认选项,用椭圆某一轴上两端点确定椭圆位置。

圆弧(A):选择"圆弧"选项时,输入 A;也可以直接单击"绘图"工具栏中的"椭圆弧"图标 ⬭。

中心点(C):表示以椭圆中心定位的方式画椭圆或椭圆弧。

(二)绘制正等轴测图中的圆

1. 功能

在正等轴测投影中经常需要画圆的轴测投影——椭圆。

2. 正等轴测投影绘图方式的设置

(1) 单击菜单栏中的"工具"→"草图设置"命令,打开"草图设置"对话框,选取"捕捉和栅格"选项卡,如图 3-13 所示。

(2) 在"捕捉与栅格"选项卡的"捕捉类型"一栏中,选取"等轴测捕捉"选项。单击 确定 按钮,回到绘图状态。

(3) 将当前标准十字光标切换成正等轴测光标。光标 ⼁、⼂、⼃ 分别表示 YOZ、XOY、XOZ 平面。按 F5 键进行切换。此时,在状态栏中选择正交方式,可画出与 X、Y、Z 轴测坐标轴平行的线段。

3. 命令格式

(1) 在"绘图"工具栏中单击图标 ⬭。

(2) 由键盘输入命令:ellipse ↙。

图3-13 "捕捉和栅格"选项卡

选择上述任一方式输入命令,命令行提示:

命令:_ellipse

指定椭圆轴的端点或[圆弧(A)/中心点(C)/等轴测圆(I)]:i↙   (进入正等轴测投影椭圆的绘图模式)

指定等轴测圆的圆心: (输入圆心坐标值)

指定等轴测圆的半径或[直径(D)]:   (输入圆的半径。结束命令)

八、样条曲线

在指定的允许误差范围内,把一系列的点通过数学计算拟合成光滑的曲线,在计算机绘图中,称这种拟合曲线为"B样条曲线",简称"样条曲线"。这种曲线有很好的形状定义特性,对于绘制波浪线、相贯线、等高线和展开图等自由曲线非常有用。

(一)功能

通过输入一系列的点绘制一条光滑的样条曲线。

(二)命令格式

(1)在"绘图"工具栏中单击图标~。

(2)单击菜单栏中的"绘图"→"样条曲线"命令。

(3)由键盘输入命令:spl↙(Spline的缩写)。

选择上述任一方式输入命令,命令行提示:

命令:_spline

指定第一个点或[对象(O)]:

(三)选项说明

指定第一个点:该选项为默认选项。通过输入一系列的点,生成一条新的样条曲线。

对象(O):将由多段线拟合成的样条曲线(拟合样条曲线的基本性质仍然是多段线,只能用修改多段线命令进行修改)转换为真正的样条曲线。

(四)样条曲线的应用

在机械制图中,样条曲线常用作波浪线,用来绘制机件断裂处的边界线、视图与剖视的分界线。样条曲线的应用如图3-14所示。

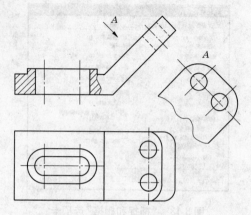

图 3-14　样条曲线的应用示例

九、点和点的样式

(一)点

1. 功能

根据点的样式和大小绘制点,还可以进行线段等分和块的插入。

2. 命令格式

(1)在"绘图"工具栏中单击图标■。

(2)单击菜单栏中的"绘图"→"点"→"多点"命令。

(3)由键盘输入命令:po↙(Point 的缩写)。

选择上述任一方式输入命令,命令行提示:

命令:_point

当前点模式:PDMODE = 0 PDSIZE = 0.0000

当前点模式是通过两个系统变量表示点的形状和大小。其中,系统变量 PDMODE 表示点的常用形状,共 20 种。系统变量 PDSIZE 表示点的大小。

注意:"点"命令只有按 Esc 键才能结束命令,按回车键或点击右键均不能结束命令。如需要只画一个点,可单击菜单栏中的"绘图"→"点"→"单点"命令,画完一个点后自动结束命令。

(二)点的样式和大小的设置

点在几何中是没有形状和大小的,只有坐标位置。为了弄清楚点的位置,可以人为地设置它的大小和形状,这就是点的样式设置。

1. 功能

设置点的样式和大小。

2. 命令格式

单击菜单栏中的"格式"→"点样式"命令,弹出"点样式"对话框,如图 3-15 所示。该对话框的上方是点的 20 个形状,被选中的成黑色(默认为第一个)。PDMODE = 0,形状为小圆点,它没有大小。下方为两个单选框,默认为"相对于屏幕设置大小"。如在"点大小"框中输入数值,则显示点相对屏幕大小的百分数(默认为 5%)。这时显示的点,其大小不随图形的缩放而改变;如选取"按绝对单位设置大小",在"点大小"框中输入的数值,即为绝对的图形单位。这时显示的点,其大小随着图形的缩放而改变。

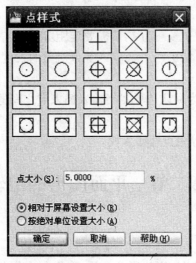

图 3-15　"点样式"对话框

(三)定数等分点

1.功能

将选定的实体对象(所选实体只能是单个实体,文字、尺寸或块等不能作为选定对象)作 n 等分,并在各点处作出相应的标记或插入块。

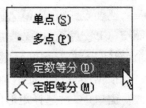

图 3-16　点的下拉菜单

2.命令格式

(1)单击菜单栏中的"绘图"→"点"→"定数等分"命令(见图 3-16)。

(2)由键盘输入命令:div ↙(Divide 的缩写)。

选择上述任一方式输入命令,命令行提示:

命令:_divide

选择要定数等分的对象:　　　　(拾取需要等分的实体)

输入线段数目或[块(B)]:

3.选项说明

输入线段数目:该选项为默认选项。可在 2 ~ 32 767 范围内输入整数作为等分段数。将拾取实体等分成相应的段数,在每个等分点处按当前点的样式显示标记。

块(B):该选项表示在等分点处插入块(创建块的方法见第四章)。

(四)定距等分

1.功能

将选定的实体对象(所选实体只能是单个实体,文字、尺寸或块等不能作为选定对象)按指定距离等分,并在各点处作出相应的标记或插入块。

2.命令格式

(1)单击菜单栏中的"绘图"→"点"→"定距等分"命令。

（2）由键盘输入命令：me↙（Measure 的缩写）。

选择上述任一方式输入命令，命令行提示：

命令：_measure

选择要定距等分的对象：　　　　（拾取需要定距等分的实体）

指定线段长度或[块(B)]：　　　　（输入等分对象的长度）

3．选项说明

输入线段长度：该选项为默认选项。当输入插入点之间的距离后，在每个等距点处按当前点的样式显示标记。

块(B)：该选项表示在等距点处插入块。

第二节　平面图形的编辑

一、选择对象模式

利用 AutoCAD 编辑对象时，当执行命令后，命令行会提示"选择对象："，这时在命令行输入"?"并按 Enter 键确定，命令行提示如下：

需要点或窗口(W)/上一个(L)/窗交(C)/框(BOX)/全部(ALL)/栏选(F)/圈围(WP)/圈交(CP)/编组(G)/添加(A)/删除(R)/多个(M)/前一个(P)/放弃(U)/自动(AU)/单个(SI)/子对象(SU)/对象(O)：

根据命令行的提示，输入相关命令可执行其操作。

窗口(W)：选择矩形（由两点定义）中的所有对象。从左到右指定角点创建窗口选择。

上一个(L)：选择最近一次创建的可见对象。对象必须在当前空间（模型空间或图纸空间）中，并且一定不要将对象的图层设置为冻结或关闭状态。

窗交(C)：选择区域（由两点确定）内部或与之相交的所有对象。

框(BOX)：选择矩形（由两点确定）内部或与之相交的所有对象。

全部(ALL)：选择解冻的图层上的所有对象。

栏选(F)：选择与选择栏相交的所有对象。栏选方法与圈交方法相似，只是栏选不闭合，并且栏选可以与自己相交。

圈围(WP)：选择多边形（通过待选对象周围的点定义）中的所有对象。该多边形可以为任意形状，但不能与自身相交或相切。

圈交(CP)：选择多边形（通过在待选对象周围指定点来定义）内部或与之相交的所有对象。该多边形可以为任意形状，但不能与自身相交或相切。

编组(G)：选择指定组中的全部对象。

添加(A)：切换到添加模式，可以使用任何对象选择方法将选定对象添加到选择集中。

删除(R)：切换到删除模式，可以使用任何对象选择方法从当前选择集中删除对象。

多个(M)：指定多次选择而不高亮显示对象，从而加快对复杂对象的选择过程。

前一个(P):选择最近创建的选择集。

放弃(U):放弃选择最近添加到选择集中的对象。

自动(AU):切换到自动选择,指向一个对象即可选择该对象。指向对象内部或外部的空白区,将形成框选方法定义的选择框的第一个角点。

单个(SI):切换到单选模式,选择指定的第一个或第一组对象而不继续提示进一步选择。

子对象(SU):使用户可以逐个选择原始形状,这些形状是复合实体的一部分或三维实体上的顶点、边和面。

对象(O):结束选择子对象的功能。使用户可以使用对象选择方法。

二、快速选择对象

用户可以使用对象特性或对象类型来将对象包含在选择集中或排除对象。在 AutoCAD 中,当用户需要选择具有某些共性的对象时,可利用"快速选择"对话框根据对象的图层、线型、颜色和图案填充等特性创建选择集。

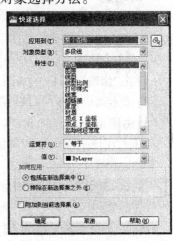

图 3-17　"快速选择"对话框

(一)功能

利用"QSELECT"命令可调出"快速选择"对话框,如图 3-17 所示。

(二)参数说明

"应用到(Y)":将过滤条件应用到整个图形或当前选择集。

"对象类型(B)":指定要包含在过滤条件中的对象类型。

"特性(P)":指定过滤器的对象特性。此列表包括选定对象类型的所有可搜索特性。

"运算符(O)":控制过滤的范围。

"值(V)":指定过滤器的特性值。

"如何应用":指定是将符合给定过滤条件的对象包括在新选择集内或是排除在新选择集外。

"附加到当前选择集(A)":指定是由"QSELECT"命令创建的选择集替换还是附加到当前选择集。

三、实体的删除

(一)功能

在 AutoCAD 中,系统提供有专门的删除命令,以对一些临时性对象或不必要的对象进行删除处理。

(二)命令格式

(1)在"修改"工具栏中单击图标 ✍。

(2)单击菜单栏中的"修改"→"删除"命令。

（3）由键盘输入命令：e↙（Erase 的缩写）。

选择上述任一方式输入命令，命令行提示：

命令：_erase

选择对象：   （可按需要采用不同的选择方式拾取实体后回车，所选实体在屏幕上消失，结束命令）

注意：也可先拾取实体，再单击"删除"图标 ⊿，达到同样的结果。

四、实体的修剪

（一）功能

在使用 AutoCAD 绘制工程图时，可利用"修剪"命令剪切掉一个图形对象的一部分，但这个图形对象必须有其他图形对象定义的边界。

（二）命令格式

（1）在"修改"工具栏中单击图标 ━。

（2）单击菜单栏中的"修改"→"修剪"命令。

（3）由键盘输入命令：tr↙（Trim 的缩写）。

选择上述任一方式输入命令，命令行提示：

命令：_trim

当前设置：投影 = UCS，边 = 无

选择剪切边…

选择对象或 <全部选择>：   （拾取作为剪切边的实体。如果输入 all，则全部实体被选中）

选择对象：   （继续拾取剪切边，点击右键，则结束选择剪切边的操作）

选择要修剪的对象，或按住 Shift 键选择要延伸的对象，或[栏选（F）/窗交（C）/投影（P）/边（E）/删除（R）/放弃（U）]：   （选择被修剪的线段）

（三）选项说明

选择要修剪的对象：拾取某实体上一点，从拾取点到剪切边的部分被擦除。如果实体与剪切边不相交，则不能擦除。

按住 Shift 键选择要延伸的对象：将实体离拾取点较近的一端延长到剪切边。

栏选（F）：用栏选方式确定需要被擦除的部分。

窗交（C）：用窗交方式确定需要被擦除的部分。

投影（P）：用于指定剪切时系统使用的投影方式。

边（E）：用于指定被剪切对象是否需要使用剪切边延长线上的虚拟边界。

删除（R）：选择需要删除的对象。

放弃（U）：表示放弃刚刚选择的被剪切对象。

注意：剪切边也可以作为被剪对象，删除对象仍然可以作为剪切边。

【例3-8】 绘制如图 3-18（b）所示的图形。

绘图步骤如下：

命令：_trim

当前设置:投影=UCS,边=无

选择剪切边...

选择对象或<全部选择>:找到1个　　　　　　　(单击对象线段1)

选择对象:找到1个,总计2个　　　　　(单击对象线段2)

选择对象:

选择要修剪的对象,或按住 Shift 键选择要延伸的对象,或[栏选(F)/窗交(C)/投影(P)/边(E)/删除(R)/放弃(U)]:　　　(单击要修剪的对象即线段 AB)

选择要修剪的对象,或按住 Shift 键选择要延伸的对象,或[栏选(F)/窗交(C)/投影(P)/边(E)/删除(R)/放弃(U)]:　　　(单击要修剪的对象即线段 BC)

选择要修剪的对象,或按住 Shift 键选择要延伸的对象,或[栏选(F)/窗交(C)/投影(P)/边(E)/删除(R)/放弃(U)]:　　　(单击要修剪的对象即线段 CD)

选择要修剪的对象,或按住 Shift 键选择要延伸的对象,或[栏选(F)/窗交(C)/投影(P)/边(E)/删除(R)/放弃(U)]:　　　(单击要修剪的对象即线段 AD)

选择要修剪的对象,或按住 Shift 键选择要延伸的对象,或[栏选(F)/窗交(C)/投影(P)/边(E)/删除(R)/放弃(U)]:　　　(按 Esc 键退出命令)

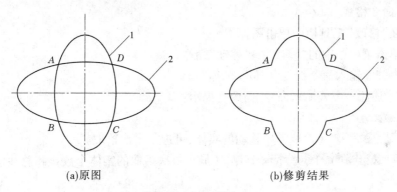

(a)原图　　　　　　　　　　(b)修剪结果

图 3-18　"修剪"命令

五、实体的延伸

(一)功能

利用"Extend"命令可以将对象延伸到另一对象。

(二)命令格式

(1)在"修改"工具栏中单击图标⊣。

(2)单击菜单栏中的"修改"→"延伸"命令。

(3)由键盘输入命令:ex↙(Extend 的缩写)。

选择上述任一方式输入命令,命令行提示:

命令:_extend

当前设置:投影=UCS,边=无

选择边界的边...

选择对象或<全部选择>:　　　　　(选择要延伸的实体边界。每次拾取后命令行提

示找到了几个实体)

　　选择对象：　　　　（继续选择作为边界的实体,点击右键,则结束选择)

　　选择要延伸的对象,或按住 Shift 键选择要修剪的对象,或[投影(P)/边(E)/放弃(U)]:

　　(三)选项说明

　　选择要延伸的对象:该选项为默认选项。若拾取实体上一点,则该实体从靠近拾取点一端延伸到边界处。如果实体延伸后不能与所选边界相交,则该实体不会被延伸。

　　或按住 Shift 键选择要修剪的对象:如按住 Shift 键,此时的延伸变为修剪功能,其操作与修剪操作一样。

　　投影(P):用于指定延伸时系统使用的投影方式。

　　边(E):用于指定被延伸对象是否需要使用延伸边界延长线上的虚拟边界。

　　放弃(U):表示放弃刚刚选择的被延伸对象。

六、实体的移动

(一)功能

利用"Move"命令可以在指定方向上按指定距离移动对象。

(二)命令格式

(1)在"修改"工具栏中单击图标✛。

(2)单击菜单栏中的"修改"→"移动"命令。

(3)由键盘输入命令:m ↙(Move 的缩写)。

选择上述任一方式输入命令,命令行提示:

命令：_move

　　选择对象：　　　　（拾取需要移动的实体,可进行多次拾取)

　　选择对象:找到 n 个,总计 m 个　　　　（显示每次拾取的实体个数 n 和总共拾取的个数 m)

　　选择对象：　　　　（点击右键或回车,结束需要移动对象的选择)

　　指定基点或[位移(D)]<位移>:

(三)选项说明

　　指定基点:输入基点后,拾取或输入相对于基点的位移点。一般用相对坐标比较方便。

　　位移(D):该选项是直接给定 X、Y、Z 的位移量来移动实体。

七、实体的偏移

偏移对象可以创建造型与原始对象造型平行的新对象。

(一)功能

利用"Offset"命令可以创建形状与选定对象的形状平行的新对象。偏移圆或圆弧可以创建更大或更小的圆或圆弧,取决于向哪一侧偏移。

(二)命令格式

(1)在"修改"工具栏中单击图标▣。

(2)单击菜单栏中的"修改"→"偏移"命令。

(3)由键盘输入命令:o↙(Offset 的缩写)。

选择上述任一方式输入命令,命令行提示:

命令:_offset

当前设置:删除源 = 否 图层 = 源 OFFSETGAPTYPE = 0

指定偏移距离或[通过(T)/删除(E)/图层(L)] <0.0000>:

(三)选项说明

指定偏移距离:该选项为默认选项。

通过(T):通过某一特殊点,绘制与某条线段等距的线段。

删除(E):该选项用来确定是否删除源对象。

图层(L):确定通过偏移而产生的实体是在源对象图层,还是在当前图层。

OFFSETGAPTYPE:控制偏移闭合多段线时,处理线段之间的潜在间隙的方式。

八、实体的复制

(一)功能

在指定方向上按指定距离复制对象。

(二)命令格式

(1)在"修改"工具栏中单击图标 ❀。

(2)单击菜单栏中的"修改"→"复制"命令。

(3)由键盘输入命令:co↙或 cp↙(Copy 的缩写)。

选择上述任一方式输入命令,命令行提示:

命令:_copy

选择对象:找到 2 个 (拾取要复制的对象,并可多次拾取。提示拾取对象的数目)

选择对象: (点击右键,结束所需复制对象的拾取)

当前设置:复制模式 = 多个

指定基点或[位移(D)/模式(O)] <位移>:

指定第二个点或 <使用第一个点作为位移>:

指定第二个点或[退出(E)/放弃(U)] <退出>:

(三)选项说明

指定基点:输入或拾取基点。

位移(D):指定位移 <上个值>:输入表示矢量的坐标。

模式(O):控制是否自动重复该命令。

九、实体的旋转

当在 AutoCAD 中绘制具有一定角度的图形对象时,可以先用正交工具在水平或垂直方向上绘制,然后利用"旋转"命令对其进行旋转。

（一）功能

可以绕指定基点旋转图形中的对象。要确定旋转的角度,需输入角度值,使用光标进行拖动,或者指定参照角度,以便与绝对角度对齐。

（二）命令格式

(1)在"修改"工具栏中单击图标〇。

(2)单击菜单栏中的"修改"→"旋转"命令。

(3)由键盘输入命令:ro✓(Rotate 的缩写)。

选择上述任一方式输入命令,命令行提示:

命令: _rotate

UCS 当前的正角方向:ANGDIR＝逆时针　ANGBASE＝0　　（提示当前用户坐标系的角度方向。当 ANGDIR＝0 时,逆时针方向为正;当 ANGDIR＝1 时,顺时针方向为正。ANGBASE 为系统默认参照角,取值范围在 0°~360°。当输入负值时,系统默认为 360°减去该输入值;如果输入值大于 360°,系统默认为该值减去 360°）

选择对象:　　（拾取需要旋转的实体,可进行多次拾取）

选择对象:找到 n 个,总计 m 个　　（显示每次拾取的实体个数 n 和总共拾取的个数 m）

选择对象:　　（点击右键或回车,结束需要旋转对象的选择）

指定基点:　　（利用对象捕捉或直接输入坐标值,确定基点位置）

指定旋转角度,或[复制(C)/参照(R)]＜270＞:

（三）选项说明

指定旋转角度:该选项为默认选项。按照提示当前用户坐标系角度方向,直接输入角度值,结束命令。

复制(C):该选项为保留拾取的源对象不被删除。

参照(R):按指定参照角设置旋转角,即角度的起始边不是 X 轴正方向,而是用户输入的参照角。

十、实体的阵列

（一）功能

"阵列"命令用于将所选择的对象按照矩形或环形方式进行多重复制。对于矩形阵列,可以控制行和列的数目以及它们之间的距离。对于环形阵列,可以控制对象副本的数目并指定是否旋转副本。对于创建多个定间距的对象,阵列比复制要快。

（二）命令格式

(1)在"修改"工具栏中单击图标田。

(2)单击菜单栏中的"修改"→"阵列"命令。

(3)由键盘输入命令:ar✓(Array 的缩写)。

选择上述任一方式输入命令,弹出"阵列"对话框,如图3-19所示。

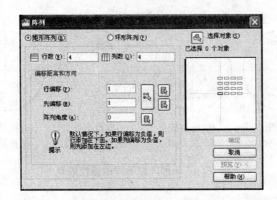

图 3-19　"阵列"对话框

(三)"阵列"对话框说明

1. 矩形阵列

在"行数"输入框中输入需要阵列的行数。在"列数"输入框中输入需要阵列的列数。

在"偏移距离和方向"输入栏中,分别输入"行偏移"、"列偏移"和"阵列角度"的数值。单击右边的"选择对象"图标 🔏,对话框暂时消失。在绘图区拾取或输入相应线段的长度,确定行偏移或列偏移的数值。也可以单击图标 🔏,在绘图区直接用光标画一个矩形,同时确定行偏移和列偏移的数值。偏移数值的正负与坐标轴方向一致。输入不同的偏移值和阵列角度,得到不同的阵列效果,如图 3-20 所示。

(a)行、列偏移均为正值　　　　(b)行、列偏移均为负值　　　　(c)行、列偏移均为正值
阵列角度0°　　　　　　　　　阵列角度0°　　　　　　　　　阵列角度30°

图 3-20　矩形阵列不同操作的效果

单击"选择对象"图标 🔏,"阵列"对话框暂时消失,命令行提示:

选择对象:　　　(拾取对象后,点击右键,回到"阵列"对话框。在"选择对象"下面显示拾取对象个数)

单击 确定 按钮,完成阵列操作。如单击 预览(V)< 按钮,在绘图区显示阵列结果,如不符合要求,按 Esc 键返回到对话框;如符合要求,单击鼠标右键接受阵列。

2. 环形阵列

在"阵列"对话框单选框中选择"环形阵列"选项,如图 3-19 所示。

确定"环形阵列"中心点时,可在"中心点"右边输入框中直接输入 X、Y 坐标值,也可以单击输入框右边的"选择对象"图标 🔏,在绘图区直接拾取一点作为中心点。如图 3-21(a)所示,拾取原图的圆心为中心点。

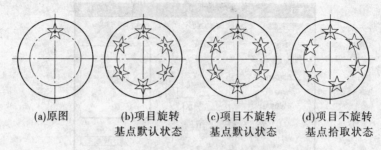

| (a)原图 | (b)项目旋转
基点默认状态 | (c)项目不旋转
基点默认状态 | (d)项目不旋转
基点拾取状态 |

图 3-21　环形阵列不同的操作效果

"方法和值"的输入由"项目总数"、"填充角度"和"项目间角度"三项中的两项确定。项目总数是环形对象的复制个数;填充角度是环形阵列的范围,取值范围大于或等于 −360°,小于或等于 +360°,也可以单击输入框右边的图标🔳,在绘图区画出一条直线来确定填充角度;项目间角度为旋转对象之间的角度,项目间角度必须是非零正值,也可以单击输入框右边的图标🔳,在绘图区画出一条直线来确定项目间的角度(两种角度都是逆时针方向为正,顺时针方向为负)。

选中"复制时旋转项目"复选框,表示进行环形阵列时,不仅阵列对象绕环形阵列中心公转,而且阵列对象本身也进行自转,如图 3-21(b)所示。自转角度等于项目间的角度与自身顺序数的乘积。若不选中"复制时旋转项目"复选框,只有公转,没有自转,如图 3-21(c)所示。

十一、实体的镜像

可以绕指定轴翻转对象创建对称的镜像图像。

(一)功能

将选定的实体对象进行对称复制,并根据需要保留或删除源实体对象。

(二)命令格式

(1)在"绘图"工具栏中单击图标⚠。

(2)单击菜单栏中的"修改"→"镜像"命令。

(3)由键盘输入命令:mi ✓(Mirror 的缩写)。

选择上述任一方式输入命令,命令行提示:

命令：_mirror

选择对象：　　　　　(拾取需要镜像的实体对象)

选择对象：　　　　　(可进行多次拾取。回车则结束对象拾取)

指定镜像线的第一点:　　　(拾取或输入对称轴线上的第一点)

指定镜像线的第二点:　　　(拾取或输入对称轴线上的第二点)

是否删除源对象?〔是(Y)/否(N)〕<N>:　　　　　(输入 y,删除拾取的源对象;输入 n,则不删除源对象,该选项为默认选项)

(三)文字镜像

系统变量"MIRRTEXT"用于确定文字镜像时,其方向及位置是否改变。当系统变量

MIRRTEXT=0时,文字被镜像后,只是位置镜像,而不改变方向,如图3-22(a)所示。当系统变量 MIRRTEXT=1时,文字被镜像后,方向和位置均被镜像,如图3-22(b)所示。

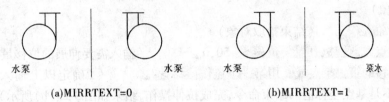

(a)MIRRTEXT=0   (b)MIRRTEXT=1

图3-22　系统变量对文字镜像的影响

十二、实体的拉伸

(一)功能

可以调整对象大小使其在一个方向上或是按比例增大或缩小,还可以通过移动端点、顶点或控制点来拉伸某些对象。

(二)命令格式

(1)在"修改"工具栏中单击图标 。

(2)单击菜单栏中的"修改"→"拉伸"命令。

(3)由键盘输入命令:s ✓ (Stretch 的缩写)。

选择上述任一方式输入命令,命令行提示:

命令:_Stretch

以交叉窗口或交叉多边形选择要拉伸的对象…

选择对象:指定对角点:找到 n 个　　　　(拾取对象,提示行显示拾取对象个数 n)

选择对象:　　　(可多次拾取,点击右键或回车结束拾取对象)

指定基点或[位移(D)] <位移>:

(三)选项说明

指定基点:输入基点的坐标值或位移量。

位移(D):输入 X、Y、Z 的坐标值后,拉伸对象。

【例3-9】　已知有如图3-23(a)所示的图形,对其进行拉伸,结果如图3-23(b)所示。

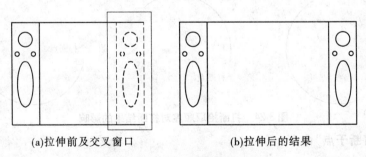

(a)拉伸前及交叉窗口   (b)拉伸后的结果

图3-23　对电视机屏幕的拉伸

操作步骤如下。

命令:_stretch

以交叉窗口或交叉多边形选择要拉伸的对象...

选择对象:指定对角点:找到6个　　　　　（如图3-23（a）中虚线所示,用交叉窗口拾取6个实体对象）

选择对象:✓　　　（结束拾取对象）

指定基点或[位移（D）]＜位移＞:50,0✓　　　（输入需要伸展的位移量）

指定位移的第二个点或＜用第一个点作位移＞:✓　　　（确定以上输入的数据为位移量,而不是基点坐标值。结束命令,完成拉伸操作,结果如图3-23（b）所示）

十三、实体的打断

（一）"打断"命令

1.功能

可以将一个对象打断为两个对象,对象之间可以具有间隔,也可以没有间隔,还可以将多个对象合并为一个对象。通常用于为块或文字创建空间。

2.命令格式

（1）在"修改"工具栏中单击图标□。

（2）单击菜单栏中的"修改"→"打断"命令。

（3）由键盘输入命令:br✓（Break 的缩写）。

选择上述任一方式输入命令,命令行提示:

命令:_break

选择对象:　　　（拾取需要打断的实体）

指定第二个打断点或[第一点（F）]:

3.选项说明

指定第二个打断点:该选项为默认选项。将拾取实体的点作为第一个打断点,再拾取第二个打断点,即删除两个打断点之间的部分,把一个不封闭实体分为两个实体。从第一个打断点到第二个打断点之间,拾取顺序不同,得到的结果不同,如图3-24 所示。

第一点（F）:该选项是不将原拾取实体点作为第一个打断点,重新拾取第一个打断点。

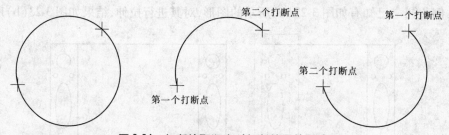

图 3-24　打断拾取顺序对打断结果的影响

（二）"打断于点"命令

1.功能

将选定的图形实体（文字除外）断开,使封闭的实体（如圆、椭圆、闭合的多段线或样条曲线等）变成不封闭,使不封闭实体分成两段。具体的操作方法取决于所选实体的类型及指定的断点位置。

2. 命令格式

(1)在"修改"工具栏中单击图标▢。

(2)单击"打断于点"图标▢。

选择上述任一方式输入命令,命令行提示:

选择对象: （选择需要打断的对象）

指定第二个打断点或[第一点(F)]：_f

指定第一个打断点： （拾取断开点）

指定第二个打断点：@ （自动结束命令）

十四、实体的缩放

(一)功能

缩放对象即将指定对象按照指定的比例相对于基点进行放大或缩小操作。

(二)命令格式

(1)在"修改"工具栏中单击图标▢。

(2)单击菜单栏中的"修改"→"缩放"命令。

(3)由键盘输入命令：sc↙(Scale 的缩写)。

选择上述任一方式输入命令,命令行提示:

命令：_scale

选择对象： （拾取实体对象）

选择对象： （继续拾取实体对象）

指定基点： （输入基点坐标值）

指定比例因子或[复制(C)/参照(R)] <1.0000 >：

(三)选项说明

指定比例因子：该选项为默认选项,直接输入比例因子数值。比例因子必须大于0, 大于1表示放大,小于1表示缩小。输入比例因子后,拾取实体对象按比例因子数值放大 或缩小显示,结束命令。

参照(R)：该选项是在不能准确确定比例因子的情况下使用的。

【例3-10】 如图3-25(a)所示,将 AB 直线放大与 BC 直线长度相等。

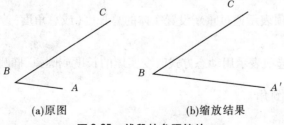

(a)原图　　　　　　　　　(b)缩放结果

图3-25　线段的参照缩放

操作步骤如下。

单击"缩放"图标▢,命令行提示:

选择对象:找到1个　　　　（拾取直线 *AB*）

选择对象:　　（点击右键结束拾取）

指定基点:　　（拾取 *B* 点为基点）

指定比例因子或[复制(C)/参照(R)]<1.0000>:r✓　　（选择用参照方式缩放）

指定参照长度<1>:　　（拾取 *A* 点为计算参照长度<1>的起点）

指定第二点:　　（拾取 *B* 点为计算参照长度<1>的终点,*A*、*B* 两点的距离为第一参照长度）

指定新长度:　　（拾取 *C* 点,以 *B*、*C* 两点的距离为第二参照长度。以第一参照长度与第二参照长度的比值为比例因子进行缩放。如图3-25(b)所示,将 *A* 点移到 *A′* 点的位置)

十五、实体的拉长

(一)功能

通过"Lengthen"命令可改变对象的形状,在 AutoCAD 中,主要用于非等比缩放。可更改对象的长度和圆弧的包含角。

(二)命令格式

(1)下拉菜单:单击菜单栏中的"修改"→"拉长"命令。

(2)由键盘输入命令:len✓(Lengthen 的缩写)。

选择上述任一方式输入命令,命令行提示:

选择对象或[增量(DE)/百分数(P)/全部(T)/动态(DY)]:

(三)选项说明

选择对象:该选项为默认选项。选择直线后,命令行显示其测量长度。选择圆弧后,命令行显示其测量长度和圆心角,并再次回到原提示。

增量(DE):该选项表示给出一个定值作为实体的增加或缩短量。输入正值表示增加,反之为缩短。

百分数(P):该选项表示通过指定线段改变后的长度、占原长度的百分数来改变线段长度,或者通过改变指定圆弧(或椭圆弧)的角度、占原角度的百分数来改变圆弧(或椭圆弧)的角度。改变后实体的总长度(或角度)等于用户输入的百分数乘以实体的原长度(或原角度)。

全部(T):该选项表示通过重新设置实体的总长度(或总角度)改变线段的长度(或角度)。

动态(DY):该选项表示用动态方式改变实体的长度或圆弧、椭圆弧的角度。

十六、实体的倒角

(一)功能

将选定的两条非平行直线,从交点处各裁剪掉指定的长度,并以斜线连接两个裁剪端,也可用该命令求两条直线段的交点。

(二)命令格式

(1)在"修改"工具栏中单击图标△。

(2)单击菜单栏中的"修改"→"倒角"命令。

(3)由键盘输入命令:cha✓(Chamfer 的缩写)。

选择上述任一方式输入命令,命令行提示:

命令:_chamfer

("修剪"模式)当前倒角距离 1 = 0.0000,距离 2 = 0.0000

选择第一条直线或[放弃(U)/多段线(P)/距离(D)/角度(A)/修剪(T)/方式](E)/多个(M)]:

(三)选项说明

选择第一条直线:该选项为默认选项。当输入"倒角"命令后,命令行提示的修剪模式符合用户要求,直接在绘图区拾取第一条需要倒角的直线,再拾取第二条直线,画出倒角。

放弃(U):该选项是放弃刚刚进行的操作。

多段线(P):该选项是为了对二维多段线、矩形和正多边形进行倒角,以提高绘图速度。

距离(D):选择该选项是为了重新设置倒角距离。

角度(A):该选项是为了重新设置以倒角一边距离与该边夹角来确定倒角的修剪方式。

修剪(T):该选项是为了重新设置两条原线段是修剪模式,还是不修剪模式。

方式(E):该选项是为了重新设置修剪方法。在"两个距离"和"一个距离与一个角度"两种模式间切换。

多个(M):该选项是为了连续进行多个倒角的操作。

十七、实体的圆角

(一)功能

圆角是用与对象相切并具有指定半径的圆弧连接两个对象。利用已知半径的圆弧,将选定的两个实体(直线、构造线、圆、椭圆、圆弧和椭圆弧等),或一条带转折点的多段线(矩形、正多边形等)中的两相交直线段,光滑地连接起来,如图3-26所示。

(二)命令格式

(1)在"修改"工具栏中单击图标△。

(2)单击菜单栏中的"修改"→"圆角"命令。

(3)由键盘输入命令:f✓(Fillet 的缩写)。

选择上述任一方式输入命令,命令行提示:

命令:_fillet

当前设置:模式 = 修剪,半径 = 0.0000   (提示当前修剪模式和圆角半径)

选择第一个对象或[放弃(U)/多段线(P)/半径(R)/修剪(T)/多个(M)]:

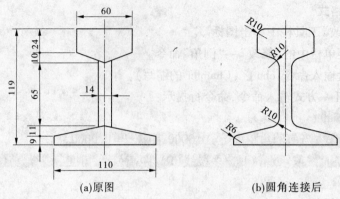

(a)原图   (b)圆角连接后

图3-26   实体的圆角连接举例

（三）选项说明

选择第一个对象:该选项为默认选项,若命令窗口显示的当前设置修剪模式和圆角半径正好是所需要的,就可以直接拾取第一个实体对象,再拾取第二条直线,画出圆角。

放弃(U):该选项是放弃刚刚进行的操作。

多段线(P):该选项是为了对二维多段线、矩形和正多边形进行圆角,以提高绘图速度。

半径(R):该选项是为了重新设置圆角半径。当命令窗口提示中的半径数值不符合用户要求时,用户可选择该选项重新设置新的圆角半径。

修剪(T):该选项是为了重新设置两条原线段是否修剪。

多个(M):该选项是为了连续进行多个圆角的操作。

十八、关联实体的分解

在 AutoCAD 中,系统将多边形、多线、矩形、图块和标注等对象作为一个图元来处理,但在实际工作当中,有时需要对其进行单独编辑处理,这时就需要利用"Explode"命令将其分解后再进行编辑。

（一）功能

分解一个组合实体对象,使之还原成各组成部分。

（二）命令格式

(1)在"修改"工具栏中单击图标 。

(2)单击菜单栏中的"修改"→"分解"命令。

(3)由键盘输入命令:e ✓(Explode 的缩写)。

选择上述任一方式输入命令,命令行提示:

命令:_explode

选择对象: (拾取要分解的复杂实体对象)

选择对象: (可多次拾取对象。点击右键或回车,结束命令)

十九、实体的合并

使用"Join"命令可将相似的对象合并为一个对象。可以使用圆弧和椭圆弧创建完整的圆和椭圆。用户可以合并圆弧、椭圆弧、直线、多段线、样条曲线。要合并的相似的对象称为源对象。要合并的对象必须位于相同的平面上。

(一)功能

合并相似的对象以形成一个完整的对象。

(二)命令格式

(1)在"修改"工具栏中单击图标 ⁑。

(2)单击菜单栏中的"修改"→"合并"命令。

(3)由键盘输入命令:j✓(Join 的缩写)。

选择上述任一方式输入命令,命令行提示:

命令:_join

选择源对象:

期望直线、开放的多段线、圆弧、椭圆弧或开放的样条曲线。选择受支持的对象:(选择一条直线、多段线、圆弧、椭圆弧或样条曲线)

选择要合并到源的对象…: (根据选定的源对象,拾取相应的对象,可以多次选择。回车,结束命令)

(三)合并方式

(1)直线。选择要合并到源的对象为一条或多条直线。直线对象必须共线(位于同一条无限长的直线上),但是它们之间可以有间隙。

(2)多段线。选择要合并到源的对象为一个或多个对象,对象可以是直线、多段线或圆弧。对象之间不能有间隙,即首尾相连,并且必须位于与 UCS 的 *XY* 平面平行的同一平面上。

(3)圆弧。选择一个或多个圆弧,圆弧对象必须位于同一假想的圆上,但是它们之间可以有间隙。选择"闭合"选项可将源圆弧转换成圆。当合并两条或多条圆弧时,将从源对象开始按逆时针方向合并圆弧。

(4)椭圆弧。选择一个或多个椭圆弧,椭圆弧必须位于同一椭圆上,但是它们之间可以有间隙。选择"闭合"选项可将源椭圆弧闭合成完整的椭圆。当合并两条或多条椭圆弧时,将从源对象开始按逆时针方向合并椭圆弧。

(5)样条曲线。选择一条或多条样条曲线,样条曲线对象必须位于同一平面内,并且必须首尾相邻(端点到端点放置)。

二十、利用特性选项板编辑图形

利用 AutoCAD 提供的特性选项板,也可以快速进行图形的编辑。

(一)功能

通过对特性选项板内容的修改,改变实体的特性。

(二)命令格式

(1)在"标准"工具栏中单击图标 ▣。

(2)单击菜单栏中的"修改"→"特性"命令。

(3)由键盘输入命令:ch✓(Properties 的缩写)。

打开特性选项板后,如果没有选中图形对象,在特性选项板内会显示出当前的主要绘图环境(见图3-27)。如果选择了单一对象,在特性选项板内会列出该对象的全部特性及其当前设置。如果选择了同一类型的多个对象,在特性选项板内会列出这些对象的公共特性及其当前设置。如果选择的是不同类型的对象,在特性选项板内则会列出这些对象的基本特性以及它们的当前设置。可以通过特性选项板直接修改相关特性,即对图形进行编辑。

例如,图3-27为没有选择图形对象时在特性选项板内显示的内容。如果选择了一个对象,在特性选项板就会显示出对应的信息,如图3-28所示,此时可以通过特性选项板修改图形。

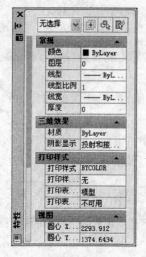
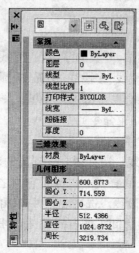

图3-27 无对象时的绘图环境显示　　　图3-28 对象"圆"的绘图环境显示

提示:双击某一图形对象,AutoCAD一般会自动打开特性选项板,并在窗口中显示出该对象的特性,供用户修改。

二十一、夹点模式

夹点实际上就是对象上的控制点。在AutoCAD中,夹点是一种集成的编辑模式。利用AutoCAD的夹点功能,可以对对象进行拉伸、移动、复制、缩放以及镜像等编辑操作。

注意:选择对象后,会显示出一个含有该对象特性的窗口。用户可通过该窗口了解对象的特性,修改某些特性值,也可以关闭该窗口。

(一)操作步骤和AutoCAD对夹点的规定

利用夹点功能编辑对象的步骤如下:

(1)单击要进行编辑的对象,在这些对象上会出现若干个小方格(默认为蓝色),这些小方格称为对象的特征点。选择其中的一个特征点作为编辑操作的基点。方法是将光标移到希望成为基点的特征点上单击,那么该特征点就会以另一种颜色显示(默认为红色),表示已成为基点。

（2）选取基点后，就可以用 AutoCAD 的夹点功能对相应的对象进行编辑操作了。

夹点是一些小方框，使用定点设备指定对象时，对象关键点上将出现夹点。可以拖动夹点直接而快速地编辑对象。

AutoCAD 对夹点的规定如下：AutoCAD 根据快速编辑的需要，对每个实体的夹点都作出明确的规定。对不同的对象执行夹点操作时，对象上的特征点的位置和数量亦不相同。表 3-1 给出了 AutoCAD 对特征点的规定。

表 3-1　AutoCAD 对特征点的规定

对象类型	特征点的位置
线段（Line）	两端点和中点
多段线（Pline）	直线段的两端点、圆弧段的中点和两端点
射线（Ray）	起始点和构造线上的一个点
构造线（Xline）	控制点和线上邻近两点
多线（Mline）	控制线上的两个端点
圆弧（Arc）	两端点和中点
圆（Circle）	各象限点和圆心
椭圆（Ellipse）	4 个顶点和中心点
椭圆弧（Ellipse）	端点、中点和中心点
文字（Text）	插入点和第二个对齐点（如果有的话）
多行文字（Mtext）	各顶点
属性（Attribute）	插入点
形（Shape）	插入点
三维网络（3Dmesh）	网格上的各顶点
三维面（3dface）	周边顶点
线性标注（Dimlinear）	尺寸线端点和尺寸界线的起始点、尺寸文字的中心点
对齐标注（Dimaligned）	尺寸线端点和尺寸界线的起始点、尺寸文字的中心点
半径标注（Dimradius）	尺寸线端点、尺寸文字的中心点
直径标注（Dimdiameter）	尺寸线端点、尺寸文字的中心点
坐标标注（Dimordinate）	被标注点、引出线端点和尺寸文字的中心点

（二）夹点设置

1.功能

设置夹点功能的开关与夹点的颜色。

2.命令格式

（1）单击菜单栏中的"工具"→"选项"命令。

（2）由键盘输入命令：op✓（Options 的缩写）。

选择上述任一方式输入命令，系统会弹出"选项"对话框，在该对话框中点击"选择集"选项卡，如图 3-29 所示。

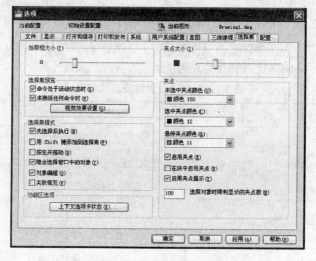

图 3-29 "选项"对话框中的"选择集"选项卡

（三）夹点编辑操作

1. 编辑操作模式的切换

系统有五种夹点操作模式。当冷夹点被激活为热夹点后，可进行拉伸、移动、旋转、比例缩放和镜像操作。五种编辑方法之间有三种切换方法。

（1）通过回车键或空格键循环切换编辑模式。当选中热夹点后，按回车键或空格键。

（2）通过键入关键字切换编辑模式。当选中热夹点后，输入关键字切换到其他模式。这种方式不需要依次切换，可提高切换速度。五种切换模式的关键字是拉伸（ST）、移动（MO）、旋转（RO）、比例缩放（SC）、镜像（MI）。

（3）通过右键弹出快捷菜单选择编辑模式。当冷夹点变为热夹点后，点击右键，弹出如图 3-30 所示的快捷菜单，移动光标选取所需的模式，命令行即显示切换到该模式提示状态。

2. 编辑模式的操作

（1）拉伸模式。拉伸模式相当于"拉伸"命令。进入拉伸模式后，命令行提示：

＊＊拉伸＊＊

指定拉伸点或 [基点（B）/复制（C）/放弃（U）/退出（X）]：

选项说明如下：

指定拉伸点：将确定的热夹点放置到新的位置，从而使实体被拉伸或压缩。可直接移动光标拾取一点来确定新位置，也可以直接输入新点的坐标值来确定新位置。

基点（B）：表示重新选择基点。

复制（C）：表示可以连续对拉伸实体进行编辑，在原对象的基础上产生多个被拉伸的实体。

在拉伸模式的操作中，通过改变热夹点的位置，能使实体产生拉伸或压缩，也能使实体产生移动,关键取决于激活热夹点的位置。以直线和圆为例,当热夹点为圆心或直线的中点时,拉伸操作使圆或直线产生移动,如图3-31(a)所示;当热夹点以圆为象限点时,拉伸操作使圆改变直径大小;当热夹点是直线的端点时,拉伸操作改变直线的位置和长短,如图3-31(b)所示。

图3-30　夹点编辑模式

(2)移动模式。移动模式相当于"移动"命令。进入移动模式后,命令行提示:

＊＊移动＊＊

指定移动点或[基点(B)/复制(C)/放弃(U)/退出(X)]:

选项说明如下:

指定移动点:表示将确定的热夹点放置在新的位置,从而使实体移动。用户可直接移动光标拾取一点来确定新位置,也可以直接输入新点的坐标值来确定新位置。此操作相当于"移动"命令。

基点(B):表示重新选择基点。

复制(C):表示可以连续对移动实体进行编辑,在原对象的基础上产生多个被移动的实体。此操作相当于"复制"命令中的"重复"选项。

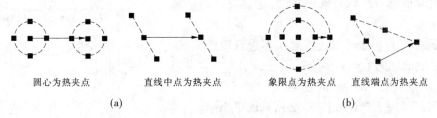

圆心为热夹点　　直线中点为热夹点　　象限点为热夹点　　直线端点为热夹点

(a)　　　　　　　　　　　　　　　　(b)

图3-31　热夹点的位置对拉伸效果的影响

(3)旋转模式。旋转模式相当于"旋转"命令。进入旋转模式后,命令行提示:

＊＊旋转＊＊

指定旋转角度或[基点(B)/复制(C)/放弃(U)/参照(R)/退出(X)]:

选项说明如下:

指定旋转角度:该选项为默认选项,是以热夹点为基点(即旋转中心),输入旋转角度或用光标拖动拾取相应的一点来确定旋转角,将实体绕基点旋转到指定的角度。

基点(B):表示重新选择基点。

复制(C):表示可以连续对旋转实体进行编辑,在原对象的基础上产生多个被旋转的实体。

参照(R):表示用其他参照实体的方式确定旋转角度。

(4)比例缩放模式。比例缩放模式相当于"缩放"命令。进入比例缩放模式后,命令行提示:

＊＊比例缩放＊＊

指定比例因子或[基点(B)/复制(C)/放弃(U)/参照(R)/退出(X)]:

选项说明如下:

指定比例因子:该选项为默认选项,是以热夹点为缩放中心,输入相应的比例数值,实体将相对缩放中心缩放。

基点(B):表示重新选择基点。

复制(C):表示可以连续对实体进行比例缩放编辑,在原对象的基础上产生多个被缩放的实体。

参照(R):表示用其他参照实体的方式确定比例因子。

(5)镜像模式。镜像模式相当于"镜像"命令。进入镜像模式后,命令行提示:

* * 镜像 * *

指定第二点或[基点(B)/复制(C)/放弃(U)/退出(X)]:

选项说明如下:

指定第二点:该选项为默认选项,是以热夹点为镜像轴线上的第一点,输入第二点来确定镜像轴线位置。结果产生与原实体对称的新实体,原实体消失。其相当于"镜像"命令中的"是"选项。

基点(B):表示重新选择基点(镜像轴线上的第一点)。在镜像操作中,系统将热夹点默认为基点,往往镜像轴线与拾取对象不相交,这就要重新选择基点。

复制(C):表示可以连续对实体进行镜像编辑,在源对象的基础上产生多个被镜像的实体。它可以得到"镜像"命令中"否"的效果。

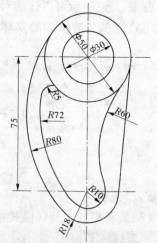

【例3-11】 绘制如图3-32所示的平面图。

绘图步骤如下:

(1)绘制中心线。

将"中心线"图层设置为当前图层。

单击"绘图"工具栏上的"直线" ✓ 按钮,或选择
"绘图"→"直线"命令,即执行"Line"命令,在屏幕

图3-32 平面图形的绘制与编辑综合举例

上适当位置拾取一点作为垂直中心线的一端点,然后指定另一端点坐标@0,130,即可绘制出垂直中心线。

执行"Line"命令,绘制距离为75的两条水平中心线,如图3-33(a)所示(如果水平中心线的长度不合适,可在最后进行调整)。

(2)绘制圆。

将"粗实线"图层设置为当前图层。

单击"绘图"工具栏中的"圆" ⊙ 按钮,即执行"Circle"命令,AutoCAD提示:

命令:_circle 指定圆的圆心或[三点(3P)/两点(2P)/切点、切点、半径(T)]:

指定圆的半径或[直径(D)] <60>:15   (输入第一个圆的半径,结束命令)

绘图结果见图3-33(b),用类似的方法绘制直径为50的圆以及其他各辅助圆,结果

· 64 ·

如图 3-33(b)所示(注:半径为 80 和 60 的两个圆,应通过菜单中的"相切,相切,半径"选项绘制;半径为 72 的圆可通过偏移半径为 80 的圆,并使其与直径为 20 的圆相切的方式绘制,或通过指定圆心与半径的方式绘制)。

(3)绘制切线。

执行"Line"命令,绘制与直径为 50 和 36 的圆的右侧相切的直线,如图 3-33(c)所示。

(4)修剪。

单击"修改"工具栏中的"修剪" ⊬ 按钮,或选择"修改"→"修剪"命令,即执行"Trim"命令,AutoCAD 提示:

命令:_trim

当前设置:投影＝UCS,边＝无

选择剪切边…

选择对象或 <全部选择>:

选择要修剪的对象,或按住 Shift 键选择要延伸的对象,或[栏选(F)/窗交(C)/投影(P)/边(E)/删除(R)/放弃(U)]:

修剪结果如图 3-33(d)所示。

用类似方法,参考图 3-32 进一步修剪,结果如图 3-33(e)所示。

(5)创建圆角。

单击"修改"工具栏中的"圆角" ▱ 按钮,或选择"修改"→"圆角"命令,即执行"Fillet"命令。执行结果如图 3-32 所示,将该图形命名并进行保存。

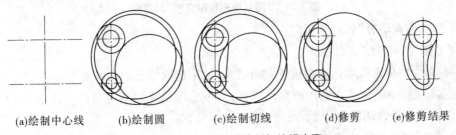

(a)绘制中心线　　(b)绘制圆　　　(c)绘制切线　　　(d)修剪　　(e)修剪结果

图 3-33　平面图形的绘制与编辑步骤

二十二、图案填充

在机械、建筑或工程制图时,经常需要对指定的区域进行图案填充。AutoCAD 系统提供了多种不同的符号供用户选择,并提供专门的命令和面板用于填充各种图案和渐变颜色。

(一)功能

要想实现图案的填充,必须有一个可被充满的区域。有限大的区域必有边界,能够被定义为图案填充边界的对象可以是直线、圆、圆弧、多段线、样条曲线、椭圆和视口的图纸空间。作为边界的图形对象至少应有一部分可在当前屏幕上看到,否则无法实现图案的填充。将选定的填充图案(或自定义图案)填充到指定的区域,系统自动识别边界。

(二)命令格式

(1)在"绘图"工具栏中单击图标 ■。

(2)单击菜单栏中的"绘图"→"图案填充"命令。

(3)由键盘输入命令:bh ↙ (Bhatch 的缩写)。

选择上述任一方式输入命令,弹出"图案填充和渐变色"对话框,如图 3-34 所示。

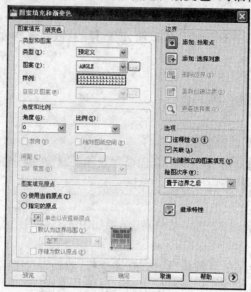

图 3-34   "图案填充和渐变色"对话框

(三)"图案填充"选项卡说明

1. "类型和图案"选择框

类型(Y):单击类型选项右边的翻页箭头,从中选取填充图案的类型。

图案(P):单击该选项右边的翻页箭头,从中选取填充图案的名称。其中,"ANSI31"是机械制图中最常用的 45°剖面线的图案。

2. "角度和比例"选择框

角度(G):在该选项框内填写填充图案需要旋转的方向。例如,45°平行线图案旋转 90°时,绘制的剖面线为 135°。

比例(S):可在该选项框内填写填充图案的绘制比例,确定其线条的疏密程度,以满足不同场合的需要。

双向(U):该选项表示用户自定义图案时,可将图案复制旋转 90°。如一组平行线图案,选择双向后就变成网格状图案。

间距(C):该选项表示用户自定义图案时,用户可在输入框内输入线与线之间的距离,确定图案的疏密。

相对图纸空间(E):该选项表示只在图纸空间使用的填充图案。

ISO 笔宽(O):在"填充图案选项板"对话框中选择"ISO"选项卡(见图 3-35)中的某一图案时,可设置填充图案的线宽;否则,填充图案的线宽是随层的。

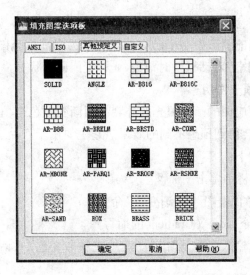

图 3-35　"填充图案选项板"对话框

3. "图案填充原点"选择框

"图案填充原点"控制填充图案生成的起始位置。某些图案填充时需要与图案填充边界上的一点对齐。例如,在剖视图中进行二次局部剖时,虽然剖面符号的方向与间隔要相同,但剖面线要错开,这就需要重新设置起始位置。在默认情况下,所有图案填充原点都对应于当前的坐标原点。

使用当前原点(T):该选项为默认选项,填充图案生成的起始位置为坐标原点。

指定的原点:指定新的图案填充原点。

4. "边界"选择框

添加拾取点⊞:在需要填充的封闭区域内拾取一点以确定填充边界。系统将自动搜索并生成最小封闭区域,其边界以虚线醒目显示。

添加选择对象 ⊹:用拾取实体对象的方式建立填充边界。

删除边界⊠:当发现作为填充边界的对象选择错时,可以用此命令删除边界。

重新创建边界⊡:围绕选定的图案填充或填充对象创建多段线或面域,并使其与图案填充对象相关联。

查看选择集⊕:暂时关闭对话框,并使用当前的图案填充或填充设置显示当前定义的边界。如果未定义边界,则此选项不可用。

5. "选项"选择框

注释性:指定图案填充为注释性。

关联(A):是指填充图案与边界的关系。如果选择"关联",当边界发生改变时,填充图案的范围随之改变。

创建独立的填充图案(H):该选项用来控制当拾取了几个独立的闭合边界时,是创建单个图案填充对象,还是创建多个图案填充对象。它主要用在画装配图时,快速画出剖面线。

绘图次序(W):该选项为填充图案指定绘图次序。

6."继承特性"图标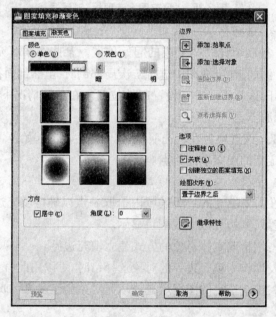

该选项用于选择当前图形中一个已有的填充作为当前填充图案。单击"继承特性"图标后,"边界填充图案"对话框暂时消失,光标变成刷子状。

(四)"渐变色"选项卡说明

该选项卡是定义要应用的渐变填充的外观。用渐变颜色来填充对象,而不是用某种线条图案来填充对象,会得到预想不到的效果。它主要用于产品造型设计和建筑装饰设计图中。其命令格式如下:

(1)在"绘图"工具栏中单击图标。

(2)单击菜单栏中的"绘图"→"渐变色"命令。

(3)由键盘输入命令:gd↙(Gradient 的缩写)。

选择上述任一方式输入命令,弹出"图案填充和渐变色"对话框中的"渐变色"选项卡,如图 3-36 所示。

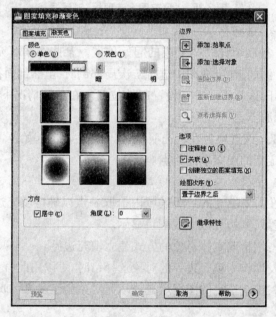

图 3-36 "渐变色"选项卡

单色(O):该选项是为了指定使用从较深着色到较浅着色的色调平滑过渡的单色填充。

双色(T):该选项是为了指定在两种颜色之间平滑过渡的双色渐变填充。

居中(C):指定对称的渐变配置。如果没有选定此选项,渐变填充将朝左上方变化,创建光源在对象左边的图案。

角度(L):指定渐变填充的角度,相对当前 UCS 指定角度。可在角度翻页箭头选项中选择角度,也可以直接输入角度值。此选项与指定给图案填充的角度互不影响。

渐变图案:显示用于渐变填充的九种固定图案。

第三节 文字的输入与编辑

在绘制工程图样时,不仅有图形,还有尺寸、符号和文字等。AutoCAD 提供了较强的文字标注和编辑功能,包括 Word 软件的基本功能。为方便文字操作,设置了"文字"工具栏,如图 3-37 所示。

一、设置文字样式

图 3-37 "文字"工具栏

(一)功能

文字样式可用来创建、修改或设置符合标准规范或用户要求的文字样式,包括图形中所使用的字体、高度和宽度系数等。

(二)命令格式

(1)在"文字"工具栏中单击图标 ❗。

(2)单击菜单栏中的"格式"→"文字样式"命令。

(3)由键盘输入命令:st ✓(Style 的缩写)。

选择上述任一方式输入命令,弹出"文字样式"对话框,如图 3-38 所示。

图 3-38 "文字样式"对话框

(三)对话框说明

"样式(S)"列表框:在该列表框中显示当前所选的样式名和当前图形文件中已定义的所有样式名。

新建(N)... 按钮:该按钮是用来创建新文字样式的。单击该按钮,弹出"新建文字样式"对话框,如图 3-39 所示。在该对话框的编辑框中输入用户所需要的样式名,单击 确定 按钮,返回到"文字样式"对话框,在对话框中对新命名的文字进行设置。

图 3-39 "新建文字样式"对话框

"字体"控制框:该控制框主要用来选择字体,设置字体样式、高度,以及选择是否使用大字体。

"字体名(F)"列表框:在该列表框中显示和设置中西文字体,单击该列表框的翻页箭头,在下拉列表中选取所需要的中西文字体。在列表框中列出所有注册的"TrueType"字体和 AutoCAD Fonts 文件夹中 AutoCAD 编译的"SHX"形字体的字体族名。从列表框中选择名称后,AutoCAD 将读出指定字体的文件。除非文件已经由另一个文字样式使用,否则将自动加载该文件的字符定义。

使用大字体(U):指定亚洲语言的大字体文件。只有在"字体名"中指定".shx"文件,才能使用大字体。程序支持 Unicode 字符编码标准。Unicode 字体包含 65 535 个字符和为多种语言设计的形。Unicode 字体包含的字符比系统中定义的多。因此,要想使用不能直接从键盘上输入的字符,可以输入转义序列\U + nnnn,其中 nnnn 表示字符的 Unicode 十六进制值。现在所有 SHX 形字体都是 Unicode 字体。

"字体样式(Y)"列表框:在该列表框中更改样式的字体。如果选用了".shx"文件字体,在使用大字体时,原显示"字体样式"处变为显示"大字体",可在该列表框中选择大字体的样式。

注释性:指定文字为注释性。

"高度(T)"输入框:该输入框主要用于设置文字高度。如果输入大于 0.0 的高度,则设置该样式的文字高度。

"效果"控制框:该控制框主要用来修改字体的特性,例如宽度比例、倾斜角、颠倒、反向等。

预览框:随着字体的改变和效果的修改,动态显示文字样例。

应用(A) 按钮:将对话框中所做的样式更改,应用到图形中具有当前样式的文字。

关闭(C) 按钮:将更改应用到当前样式。只要对"样式名"中的任何一个选项作出更改,"取消"就会变为"关闭"。更改、重命名或删除当前样式,以及创建新样式等操作立即生效,无法取消。

二、输入文本

(一)单行文本的输入

1.功能

在图中注写单行文本,标注中可以使用回车键换行,也可以在另外的位置单击左键,以确定一个新的起始位置。无论是换行还是重新确定起始位置,均将每次输入的一行文本作为一个独立的实体。

2.命令格式

(1)在"文字"工具栏中单击图标 A 。

(2)单击菜单栏中的"绘图"→"文字"→"单行文字"命令。

(3)由键盘输入命令:dt ↙(Dtext 的缩写)。

选择上述任一方式输入命令,命令行提示:

命令: _dtext

当前文字样式:"Standard" 当前文字高度:2.5000 注释性:否

指定文字的起点或[对正(J)/样式(S)]:

3. 选项说明

指定文字的起点:该选项为默认选项,输入或拾取注写文字的起点位置。

对正(J):该选项用于确定文本的对齐方式。确定文本位置采用 4 条线,即顶线、中线、基线和底线,如图 3-40 所示。输入"j"回车后,命令行提示:

输入选项[对齐(A)/调整(F)/中心(C)/中间(M)/右(R)/左上(TL)/中上(TC)右上(TR)/左中(ML)/正中(MC)/右中(MR)/左下(BL)/中下(BC)/右下(BR)]:

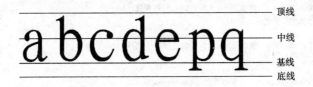

图 3-40　文本排列位置的基准线

各种定位方式的含义如下。

对齐(A):通过输入两点,确定字符串底线的长度,如图 3-41 所示。这种定位方式根据输入文字的多少确定字高,字高与字宽比例不变,即在两对齐点位置不变的情况下,输入的字数越多,字就越小。

AutoCAD　　*AutoCAD 2010*

图 3-41　用对齐方式定位时字数对大小的影响

调整(F):通过输入两点,根据字符串底线的长度和原设定好的字高确定字的定位,即字高始终不变,当两定位点确定之后,输入的字多,字就变窄,反之字就变宽,如图 3-42所示。

AutoCAD　　　*AutoCAD2010*

图 3-42　用调整方式定位时字数对字形的影响

其他定位点:其他各定位点的位置如图 3-43 所示,不再详述。

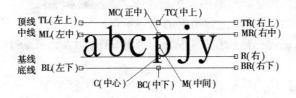

图 3-43　各定位点的位置

样式(S):该选项用于改变当前文字样式。输入"S",回车后,命令行提示:

输入样式名或[?]<Standard>:

输入的样式名必须是已经设置好的文字样式。系统默认的样式名为"Standard",其字体文件名为"txt. shx",采用"单行文字"命令时,这种字体不能用于输入中文字符,输入的汉字只能显示为"?"。

在以上命令提示行中输入"?"并回车,屏幕上弹出"AutoCAD 文本窗口",显示已设置的文字样式名及其所选字体文件名,如图 3-44 所示。

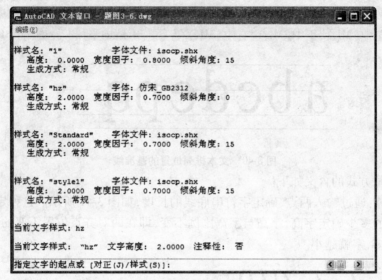

图 3-44 显示文字样式的"AutoCAD 文本窗口"

(二)多行文字的输入

1. 功能

在一个虚拟的文本框内生成一段文字,用户可以定义文字边界,指定边界内文字的段落宽度、文字的对齐方式等内容。

2. 命令格式

(1)在"文字"或"绘图"工具栏中单击图标 A 。

(2)单击菜单栏中的"绘图"→"文字"→"多行文字"命令。

(3)由键盘输入命令:mt ✓(Mtext 的缩写)。

选择上述任一方式输入命令,命令行提示:

命令: _mtext

当前文字样式:"样式 1"　当前文字高度:2.5　　注释性:否

指定第一角点:　　　　(指定虚拟框的第一角点)

指定对角点或[高度(H)/对正(J)/行距(L)/旋转(R)/样式(S)/宽度(W)]:

3. 选项说明

指定对角点:该选项为默认选项,用于指定虚拟文本框的另一角点,确定文字行的宽度,以虚拟框的顶边为字符串的顶线,确定第一行字符串的位置。当输入或指定另一顶点后,弹出"文字格式"对话框,如图 3-45 所示。

高度(H):该选项用于指定文字高度。

对正(J):该选项用于定义多行文字对象在虚拟文本框中的九种对齐排列方式,可利用"文字格式"对话框中对正方式的 6 个图标组合选用。缺省方式为"左上(TL)"。

行距(L):该选项用于设置多行文字行与行之间的间距。

旋转(R):该选项用于指定虚拟文本框的旋转角度。

样式(S):该选项用于重新输入文字样式名。

宽度(W):该选项用于指定文字行的宽度。

4."文字格式"对话框

当指定输入文字范围的矩形对角点后,弹出"文字格式"对话框,如图3-45所示。

图3-45 "文字格式"对话框

文字样式:该选项用于设置文字样式。单击文字样式右边的翻页箭头,可选择已设置好的样式。

字体:该选项用于设置字体。单击字体右边的翻页箭头可选择不同字体。

文字高度:该选项用于设置文字高度。单击右边的翻页箭头可选择已设置的字高,也可以直接输入字高。

堆叠：该选项控制用分数、公差与配合的输出形式。在要堆叠的字符中间加入堆叠控制码,然后选中,再点击堆叠图标,完成堆叠操作。堆叠有如下三种形式:

(1)用"/"堆叠控制码堆叠成分数形式。如键入"H7/h6",选中 H7/h6 后点击图标，则显示"H7/h6"。

(2)用"#"堆叠控制码堆叠成分数形式。如键入"H7#h6",选中 H7#h6 后点击图标，则显示"H7/h6"。

(3)用"^"堆叠控制码堆叠成分数形式。如键入"R^a",选中 R^a 后点击图标，则显示"Ra"。

选项：该选项为下拉菜单形式,具有快速插入各种符号和字符串等功能。

其他选项:标尺、加粗、斜体、下划线、放弃、重做和颜色等,与一般软件图标含义一样,这里不再重述。

(三)特殊字符的输入

AutoCAD提供了制图中常用的符号,可通过键盘键入特殊字符代码的方式输入(或从"选项"下拉菜单中选取)。

特殊字符"φ",代码为"％％c",例如φ10,键入"％％c10"。

特殊字符"°",代码为"％％d",例如45°,键入"45％％d"。

特殊字符"±",代码为"％％p",例如±0.000,键入"％％p0.000"。

三、编辑文本

(一)文字编辑

1.功能

对选定的文字进行修改。

2.命令格式

(1)在"文字"工具栏中单击位置。

(2)单击菜单栏中的"修改"→"对象"→"文字"→"编辑"命令。

(3)由键盘输入命令:Ddedit ✓。

选择上述任一方式输入命令,命令行提示:

命令: _ddedit

选择注释对象或[放弃(U)]:　　　　(拾取的文字对象不同,所要编辑的内容也不同)

3.编辑单行文字

拾取单行文字后,文字范围内加上阴影。单击后直接进入编辑状态。可重新输入、删除或增添文字。双击回车键,完成编辑操作。

4.编辑多行文字

拾取多行文字后,弹出"文字格式"对话框(见图3-45)。在对话框中可重新输入、删除或增添文字,并可进行字高、字体、颜色等其他内容的修改。完成修改后,单击 确定 按钮,完成编辑操作。

(二)查找和替换

1.功能

指定要查找、替换或选择的文字和控制搜索的范围及结果。

2.命令格式

(1)在"文字"工具栏中单击图标 。

(2)单击菜单栏中的"编辑"→"查找"命令。

(3)由键盘输入命令:find ✓。

选择上述任一方式输入命令,弹出"查找和替换"对话框,如图3-46所示。

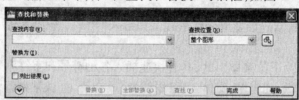

图3-46　"查找和替换"对话框

(三)缩放文字

1.功能

放大或缩小文字。

2.命令格式

(1)在"文字"工具栏中单击图标 。

(2)单击菜单栏中的"修改"→"对象"→"文字"→"比例"命令。

(3)由键盘输入命令:Scaletext ✓。

选择上述任一方式输入命令,命令行提示:

命令: _scaletext

选择对象:　　　　(拾取要缩放的文字)

选择对象:　　　　(可继续拾取要缩放的文字,直接回车,结束拾取)

输入缩放的基点选项:[现有(E)/左(L)/中心(C)/中间(M)/右(R)/左上(TL)/中

上(TC)/右上(TR)/左中(ML)/正中(MC)/右中(MR)/左下(BL)/中下(BC)/右下(BR)]
<现有>:

指定一个位置作为缩放基点。按照基点提示,可以选择某个位置作为缩放基点,供每个选定的文字对象单独使用。缩放基点位于文字选项的一个插入点处,但是即使选项与选择插入点时的选项相同,文字对象的对正也不受影响。当输入基点选项后,命令行提示:

指定新模型高度或［图纸高度(P)/匹配对象(M)/比例因子(S)］<2.5>:

3.选项说明

指定新模型高度:可以仅指定非注释性对象的模型高度。

图纸高度(P):可以仅指定注释性对象的图纸高度。

匹配对象(M):缩放最初选定的文字对象,与选定的文字对象大小匹配。

比例因子(S):按参照长度和指定的新长度缩放所选文字对象。

(四)对正文字

1.功能

用于修改文字的定位点。文字的定位点即为夹点。要在命令状态下,直接拾取文字,文字的定位点变成冷夹点,当定位点变成热夹点后,可直接进行夹点编辑的各项操作。

2.命令格式

(1)在"文字"工具栏中单击图标⚄。

(2)单击菜单栏中的"修改"→"对象"→"文字"→"对正"命令。

(3)由键盘输入命令:Justifytext↙。

选择上述任一方式输入命令,命令行提示:

命令:_justifytext

选择对象:　　(拾取要缩放的文字,可以选择单行文字对象、多行文字对象、引线文字对象和属性对象)

选择对象:　　(可继续拾取要缩放的文字,回车结束拾取)

输入对正选项:［左对齐(L)/对齐(A)/布满(F)/居中(C)/中间(M)/右对齐(R)/左上(TL)/中上(TC)/右上(TR)/左中(ML)/正中(MC)/右中(MR)/左下(BL)/中下(BC)/右下(BR)］<居中>:

3.选项说明

指定新的对正点的位置,"Justifytext"命令介绍了上面显示的对正点选项。单行文字的对正点选项,除"对齐"、"调整"和"左"文字选项与左下(BL)多行文字附着点等价外,其余选项与多行文字的选项相似。输入对正选项后,结束命令。

第四节　创建表格

表格是在行和列中包含数据的对象。可以用空表格或表格样式创建表格对象,还可以将表格链接至 Microsoft Excel 电子表格中的数据。表格创建完成后,用户可以单击该表格上的任意网格线以选中该表格,然后通过使用"特性"选项板或夹点来修改该表格。

与文字样式一样,用户可以为表格定义样式。

一、设置表格样式

(一)功能

制定表格的基本形状。

(二)命令格式

(1)在"样式"工具栏中单击图标 🖫。

(2)单击菜单栏中的"格式"→"表格样式"命令。

(3)由键盘输入命令:Tablestyle ✓。

选择上述任一方式输入命令,弹出"表格样式"对话框,如图3-47 所示。

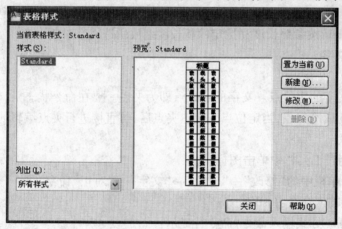

图3-47 "表格样式"对话框

(三)对话框说明

"当前表格样式":说明当前的表格样式。

"样式"列表框:显示当前已建立的表格样式,当前样式的名字以高亮显示。在该列表框中点击右键,弹出快捷菜单,在其中进行指定当前样式、重命名、删除样式等操作。

预览窗口:显示"样式"列表框中选定样式的预览图像。

置为当前(U) 和 删除(D) 按钮:分别用于将在"样式"列表框中选中的表格样式置为当前、删除对应的表格样式。

新建(N)… 和 修改(M)… 按钮:分别用于新建表格样式和修改已有的表格样式。

下面介绍如何新建和修改表格样式。

单击"表格样式"对话框中的 新建(N)… 按钮,AutoCAD 弹出"创建新的表格样式"对话框,如图3-48 所示。通过对话框中的"基础样式"下拉列表选择基础样式,并在"新样式名"文本框中输入新样式的名称(如输入"表格1"),单击 继续 按钮,AutoCAD 弹出"新建表格样式"对话框,如图3-49 所示。

下面介绍图3-49 中主要项的功能。

起始表格:可以在图形中选定一个表格作为样例来设置新表格样式的格式,也可以将所选表格从当前指定的表格样式中删除。

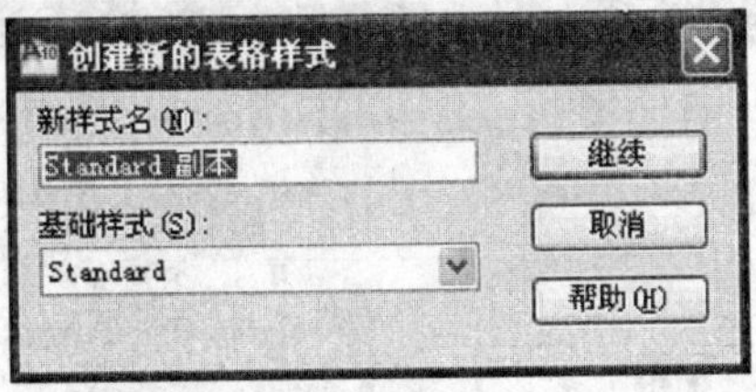

图 3-48 "创建新的表格样式"对话框

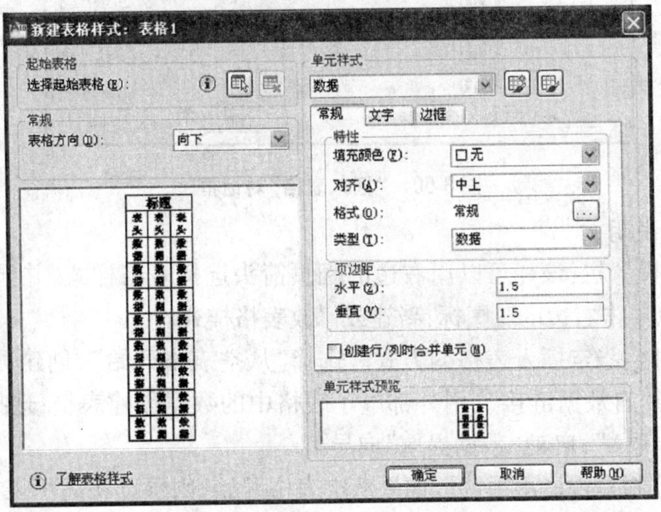

图 3-49 "新建表格样式"对话框

"常规"选项区:用于更改表格的方向。

"向下":是默认方式。选择该项将创建由上而下读取的表格,即标题行和列标题行位于表的顶部。单击"插入行"并单击"下"时,将在当前行的下面插入新行。

"向上":选择该方式将创建由下而上读取的表格,即标题行和列标题行位于表的底部。单击"插入行"并单击"上"时,将在当前行的上面插入新行。

"单元样式"选项区:用于设置表中各种数据单元所用的文字外观。数据、标题、表头三个选项分别用于设置表格的数据、标题、表头对应的格式。

"单元样式预览"区:用来显示当前表格样式设置后的效果图例。

二、创建表格

(一)功能
创建空的表格对象。

(二)命令格式
(1)在"文字"工具栏中单击图标▦。

(2)单击菜单栏中的"绘图"→"表格"命令。

(3)由键盘输入命令:Table ↙。

选择上述任一方式输入命令,弹出"插入表格"对话框,如图 3-50 所示。

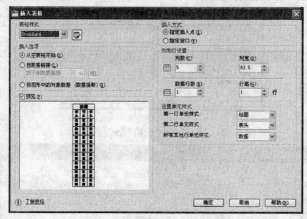

图 3-50 "插入表格"对话框

（三）对话框说明

"表格样式"设置栏:该栏可以用右边的翻页箭头选择表格样式,并显示被选表格样式的字高,也可以单击右边的 图标,新建或修改表格样式。

"插入选项"区:指定插入表格的方式。选择"从空表格开始",创建可以手动填充数据的空表格;选择"自数据链接",用外部电子表格中的数据创建表格;选择"自图形中的对象数据（数据提取）",启动"数据提取"向导。

"预览"区:控制是否显示预览。如果从空表格开始,则预览将显示表格样式的样例。如果创建表格链接,则预览将显示结果表格。处理大型表格时,应清除此选项以提高性能。

"插入方式"区:指定表格位置。选择"指定插入点",指定表格左上角的位置,可以使用定点设备,也可以在命令提示下输入坐标值,如果将表格的方向设置为由下而上读取,则插入点位于表格的左下角;选择"指定窗口",指定表格的大小和位置,可以使用定点设备,也可以在命令提示下输入坐标值,选定此选项时,行数、列数、列宽和行高取决于窗口的大小以及列和行设置。

"列和行设置"区:在该栏可以指定行数、行高、列数、列宽。其中,行高和列宽在指定窗口中自动等分确定。

"设置单元样式"区:对于那些不包含起始表格的表格样式,应指定新表格中行的单元格式。选择"第一行单元样式",指定表格中第一行的单元样式,在默认情况下,使用标题单元样式;选择"第二行单元样式",指定表格中第二行的单元样式,在默认情况下,使用表头单元样式;选择"所有其他行单元样式",指定表格中所有其他行的单元样式,在默认情况下,使用数据单元样式。

在"插入表格"对话框中进行相应的设置后,单击 确定 按钮,系统在指定的插入点或窗口中自动插入一个空表格,并显示"文字格式"工具栏,同时将表格中的第一个单元格醒目显示,此时就可以直接在表格中输入文字,如图 3-51 所示。

图 3-51　在表格中输入文字的界面

输入文字时,可以利用 Tab 键和箭头在各单元格之间切换,以便在各单元格中输入文字。单击"文字格式"工具栏中的"确定"按钮,或在绘图屏幕上任意一点单击鼠标左键,则会关闭"文字格式"工具栏。

【例 3-12】　创建图 3-52 所示的表格。

操作步骤如下:

(1)定义表格样式"表格 1",过程略。

(2)执行"插入表格"命令,AutoCAD 弹出"插入表格"对话框,在对话框中进行对应的设置,如图 3-53 所示。

明细表			
序号	名称	件数	备注
1	螺栓	4	GB 27—88
2	螺母	4	GB 41—76
3	压板	2	发蓝
4	压块	2	发蓝

图 3-52　表格

(3)单击"确定"按钮,根据提示确定表格的位置,并填写表格,如图 3-54 所示。

(4)单击工具栏中的"确定"按钮,完成表格的填写,结果如图 3-52 所示。

三、编辑表格

用户既可以修改已创建表格中的数据,也可以修改已有表格,如更改行高、列宽及合并单元格等。

(一)编辑表格数据

编辑表格数据的方法很简单,双击绘图屏幕中已有表格的某一单元格,弹出"文字格式"工具栏,并将表格显示成编辑模式,同时将所双击的单元格醒目显示。在编辑模式下修改表格中的各数据后,单击"文字格式"工具栏中的"确定"按钮,即可完成表格数据的

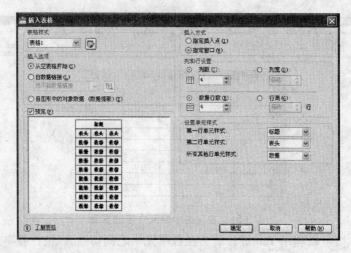

图 3-53　表格设置

图 3-54　填写表格

修改。

(二)修改表格

利用夹点功能可以修改已有表格的列宽和行高。更改方法为:选择对应的单元格,AutoCAD 会在该单元格的 4 条边上各显示出一个夹点,并显示出一个"表格"工具栏,如图 3-55 所示。

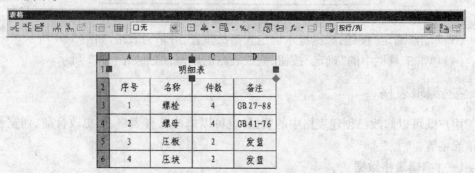

图 3-55　表格编辑模式

通过拖拽夹点,就能改变对应行的高度或对应列的宽度。利用"表格"工具栏,可以对表格进行各种编辑操作,如插入行、插入列、删除行、删除列以及合并单元格等,具体操作与在 Microsoft Word 中对表格的编辑类似,这里不再介绍。

提示:利用快捷菜单也可以修改表格。具体方法为:选定对应的单元格(或几个单元格,某列单元格,某行单元格等),单击鼠标右键,AutoCAD 弹出快捷菜单,利用它即可执行各种编辑操作。

第五节 尺寸标注

AutoCAD 提供了十余种具有强大功能的标注工具用以标注图形对象。"尺寸标注"工具栏如图 3-56 所示,标注下拉菜单如图 3-57 所示。AutoCAD 的标注工具可以标注线性尺寸,也可以标注直径、半径、角度等尺寸,并可以进行多重引线标注、快速标注和公差标注等。完成标注后,还可以对标注的尺寸进行各种编辑操作。

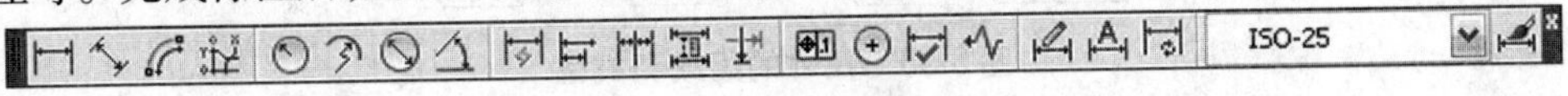

┠╿╲╭╍│⊘⊙⊘△│╟╤╟╪╤│⊡⊕╱╲│∕╱A⟨A││ ISO-25 ▾│╾╁

图 3-56 "尺寸标注"工具栏

AutoCAD 系统设置了多种标注样式,在诸多样式中有些样式比较接近我国的标注习惯(如 ISO – 25 标注样式),但仍然需对这些标注样式进行修改,才能完全符合中国的国家制图标准。因此,在标注尺寸前先要对尺寸标注样式进行设置。

一、设置尺寸标注样式

(一)尺寸的组成要素和类型及标注方式

1.尺寸的组成要素

在机械制图或其他工程绘图中,尺寸标注有多种类型和外观,但其基本构成元素一样,都是由尺寸线、延伸线(即尺寸界线)、尺寸箭头和尺寸文本等四部分内容组成的,如图 3-58 所示。Auto-CAD 将尺寸作为一个块,以块的形式放在图形文件内。因此,一个尺寸可以看成是一个实体。

(1)尺寸线。

尺寸线用来表示尺寸标注的范围,它一般是一条带有双箭头的单线段。对于角度的标注,尺寸线为弧线。

(2)延伸线(即尺寸界线)。

为了标注清晰,通常用延伸线将标注的尺寸引出被标注对象之外。有时也用对象的轮廓线或中心线代替延伸线。

图 3-57 标注下拉菜单

(3)尺寸箭头。

尺寸箭头位于尺寸线的两端,用于标记标注的起始和终止位置。"箭头"是一个广义的概念,AutoCAD 提供有各种箭头供用户选择,也可以用短画线、点或其他标记代替尺寸箭头。

(4)尺寸文本。

尺寸文本可以只反映基本尺寸,可以带尺寸公差,还可以按极限尺寸形式标注。如果

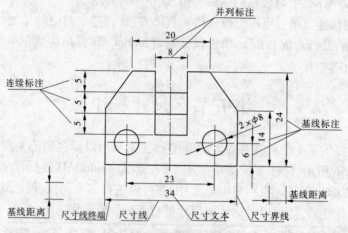

图 3-58　尺寸的组成和类型

延伸线内放不下尺寸文本,AutoCAD 会自动将其放到外部。尺寸文本用来确定实体实际尺寸的大小,可以使用 AutoCAD 自动测量值,也可以使用文字对测量值进行替代,这种方式称为文字替代。

2.尺寸标注的类型

尺寸标注类型有连续标注、基线标注和并列标注三种,如图 3-58 所示。

(1)连续标注是指同一方向尺寸首尾相连,一般尺寸线在一条线上。这样标注整齐,少占图面,但累积误差较大,一般用在尺寸要求不高的场合,主要用在土木工程图样上。

(2)基线标注是指同一方向尺寸从同一基准点测量的尺寸,各尺寸有一个公共的延伸线。这样标注占用图面较大,但最大限度地减小了累积误差,主要用在机械图样上。

(3)并列标注是指同一方向尺寸都是对称的,是以对称面为基准的标注方法。不管在什么场合,只要是对称图形就可以采用并列标注。

3.尺寸标注的方式

尺寸标注方式分为线性尺寸标注、弧长尺寸标注、角度尺寸标注、半径尺寸标注、折弯尺寸标注、直径尺寸标注、引线标注、坐标尺寸标注、中心标记等。

(1)线性尺寸标注。指标注长度方向的尺寸,又分为以下几种:

①水平标注。表示所标注对象的尺寸线沿水平方向放置。

②垂直标注。表示所标注对象的尺寸线沿铅垂方向放置。

③对齐标注。其尺寸线与两延伸线起始点的连线相平行。

(2)弧长尺寸标注。用来标注弧线的长度尺寸。

(3)角度尺寸标注。用来标注角度尺寸。

(4)半径尺寸标注。用来标注圆或圆弧的半径。

(5)折弯尺寸标注。用来标注大圆或大圆弧的半径。

(6)直径尺寸标注。用来标注圆或圆弧的直径。

(7)引线标注。利用引线标注,用户可以标注一些注释、说明。

(8)坐标尺寸标注。用来标注相对于坐标原点的坐标。

(9)中心标记。用来画圆或圆弧的中心标记或中心线。

(二)利用对话框设置尺寸标注样式

使用标注样式可以控制尺寸标注的格式和外观,建立和强制执行图形的绘图标准,这样做有利于对标注格式及用途进行修改。在 AutoCAD 中,系统总是使用当前的标注样式创建标注,如以公制为样板创建新的图形,则默认的当前样式是国际标准化组织的 ISO – 25样式,用户也可以创建其他样式并将其设置为当前样式。

用户可以选择"格式"→"标注样式"命令,在"标注样式管理器"对话框中创建和设置标注样式。

1. 标注样式命令

1)功能

用于管理已存在的尺寸标注样式、新建尺寸标注样式及设置尺寸变量。

2)命令格式

(1)在"标注"工具栏中单击图标 ▨ 。

(2)单击菜单栏中的"格式"→"标注样式"命令。

(3)由键盘输入命令:d↙(Dimstyle 的缩写)。

选择上述任一方式输入命令,弹出"标注样式管理器"对话框,如图 3-59 所示。各选项功能如下。

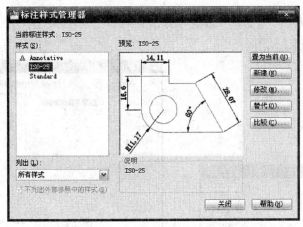

图 3-59 "标注样式管理器"对话框

当前标注样式:显示当前标注样式的名称。图 3-59 中说明当前样式为"ISO – 25",这是 AutoCAD 提供的默认标注样式。

"样式"框:显示当前图形文件中已定义的所有尺寸标注样式。图 3-59 中说明当前有"ISO – 25"、"Annotative"和"Standard"等样式。"Annotative"为注释性尺寸样式(因为样式名前有图标 ▲)。

"预览"框:显示当前尺寸标注样式设置的各种特征参数的最终效果。

"列出"框:用于控制在当前图形文件中是否全部显示所有的尺寸标注样式。

置为当前(U) 按钮:用于设置当前标注样式。每一种新建立的标注样式或原样式修改后,均要置为当前才有效。

新建(N)... 按钮:用于创建新的标注样式。

修改(M)... 按钮:用于修改已有标注样式中的某些尺寸变量。

替代(O)... 按钮:用于创建临时的标注样式。当采用临时标注样式标注某一尺寸后,再继续采用原来的标注样式标注其他尺寸时,其标注效果不受临时标注样式的影响。

比较(C)... 按钮:用于比较不同标注样式中不相同的尺寸变量,并用列表的形式显示出来。

2.新建尺寸标注样式

1)新建尺寸标注样式操作步骤

建立新的标注样式,并将它置为当前样式。其操作步骤如下:

(1)单击"标注样式管理器"对话框(见图3-59)中的 新建(N)... 按钮,弹出"创建新标注样式"对话框,如图3-60所示。在"新样式名"一栏中输入尺寸标注样式名,单击 继续 按钮,进入"新建标注样式:副本"对话框中的"线"选项卡,如图3-61所示。

(2)在"新建标注样式:副本"对话框中,分别对"符号和箭头"、"文字"、"调整"、"主单位"等选项卡中的某些选项进行重新设置,设置后单击 确定 按钮,返回到"标注样式管理器"对话框。

(3)单击"置为当前"按钮,然后单击"关闭"按钮,则刚设置的新标注样式即成为当前标注样式。

2)"新建标注样式"对话框中各选项卡的说明

(1)"线"选项卡(见图3-61)。

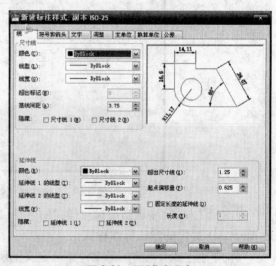

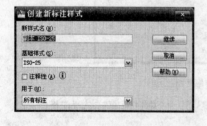

图3-60 "创建新标注样式"对话框   图3-61 "线"选项卡

①"尺寸线"组框:设置尺寸线的特征参数。

"颜色、线型与线宽":用于设置尺寸线的颜色、线型和线宽。

"超出标记":用于设置尺寸线超出延伸线的长度,该选项只有当箭头样式为斜线或无箭头时才能用。

"基线间距":用于控制标注并列尺寸和基线尺寸时尺寸线之间的间距(见图3-58)。

"隐藏":用于控制是否显示尺寸线,主要用在半标注中。国家标准规定,对称形体允许画一半,但标注尺寸时要标整体大小。

②"延伸线"组框:设置延伸线的特征参数。

"颜色":用于设置延伸线的颜色。

"延伸线1的线型":用于设置延伸线1的线型。

"延伸线2的线型":用于设置延伸线2的线型。

"线宽":用于设置延伸线的线宽。

"超出尺寸线":用于控制延伸线相对箭头的超出长度。

"起点偏移量":用于控制延伸线起始点相对轮廓线的偏移量。

"隐藏":用于控制是否显示延伸线,与尺寸线的隐藏配合使用。

"固定长度的延伸线":当选择该复选框时,可设置固定的延伸线长度。不管尺寸线与所标线段有多远,延伸线只按设置的长度画出,一般用在房屋建筑工程图中。

(2)"符号和箭头"选项卡(见图3-62)。

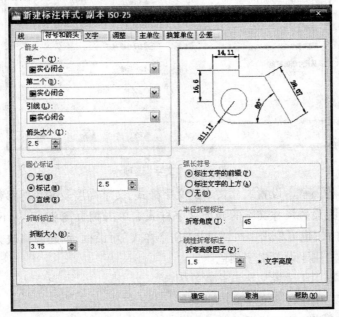

图3-62 "符号和箭头"选项卡

①"箭头"组框:设置尺寸线终端的箭头形状及尺寸,从列表框中选取。

"第一个与第二个":用于设置尺寸线第一端点和第二端点的箭头形状。

"引线":用于设置指引线终端的箭头形状。

②"圆心标记"组框:设置圆或圆弧的圆心标记。

单选框:用于设置圆或圆弧的圆心标记类型。其中,"无"表示对圆或圆弧的圆心不作任何标记,"标记"表示对圆或圆弧的圆心以十字线符号作为标记,"直线"表示圆或圆弧的圆心标记为中心线。

数值框:用于设置圆心标记的半长度和中心线超出圆或圆弧轮廓线的长度。

③"弧长符号"组框:设置弧长标注形式。它有三项内容,"标注文字的前缀"表示将

标注的弧长符号放在文字的前面,"标注文字的上方"表示将标注的弧长符号放在文字的上方,"无"表示在标注时不加弧长符号。

④半径折弯标注:设置大圆弧标注时,半径的尺寸线折弯角度。默认为90°,一般选择45°比较好。

(3)"文字"选项卡(见图3-63)。

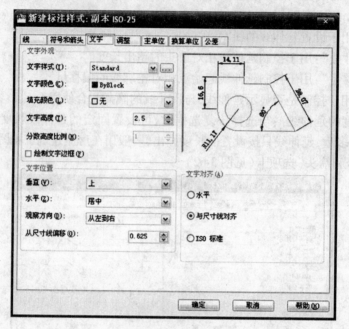

图3-63 "文字"选项卡

①"文字外观"组框:设置尺寸文本的文字样式、文字高度及颜色等参数。

"文字样式":设置尺寸文本的当前文字样式。单击翻页箭头,可从下拉列表中选择已设置的文字样式;也可单击█按钮进入"文字样式"对话框,创建或修改文字样式。

"文字颜色":用于设置文字颜色。

"填充颜色":用于设置文字填充背景颜色。

"文字高度":用于设置文字高度。

"分数高度比例":用于设置分数文本的相对字高,主要用于标注尺寸公差。

"绘制文字边框":用于设置标注基本参考尺寸,即是否用一矩形框包围文字。

②"文字位置"组框:用于控制尺寸文本相对于尺寸线和延伸线的位置。

"垂直":用于设置尺寸文本相对于尺寸线在垂直方向的位置。它有四种位置,"置中"表示尺寸文本位于尺寸线的中断处,"上"表示尺寸文本位于尺寸线的上方,"外部"表示尺寸文本位于尺寸线的外侧,"JIS"表示按日本工业标准规定的方式放置尺寸文本。

"水平":用于标注文字在尺寸线上相对于延伸线的水平位置。它有五种位置,"居中"表示尺寸文本位于两延伸线中间;"第一条延伸线"表示尺寸文本沿尺寸线与第一条延伸线左对正,延伸线与标注文字的距离是箭头大小加上文字间距之和的两倍;"第二条延伸线"表示尺寸文本沿尺寸线与第二条延伸线右对正,延伸线与标注文字的距离是箭头大小加上文字间距之和的两倍;"第一条延伸线上方"表示沿第一条延伸线放置标注文字或将标注文字放在第一条延伸线之上;"第二条延伸线上方"表示沿第二条延伸线放置标注文字或将标注文字放在第二条延伸线之上。

"观察方向":控制标注文字的观察方向。从左到右:按从左到右阅读的方式放置文字;从右到左:按从右到左阅读的方式放置文字。

"从尺寸线偏移":用于确定尺寸文本底部与尺寸线之间的偏移量。

③"文字对齐"组框:用于设置尺寸文本的放置方式。

"水平":表示所有标注的尺寸文本均水平放置。

"与尺寸线对齐":表示所有尺寸文本均按尺寸线方向标注,即与尺寸线对齐。

"ISO标准":表示所标注的尺寸文本符合国际标准,即位于延伸线之内,沿尺寸线方向标注;位于延伸线之外,沿水平方向标注。

(4)"调整"选项卡(见图3-64)。

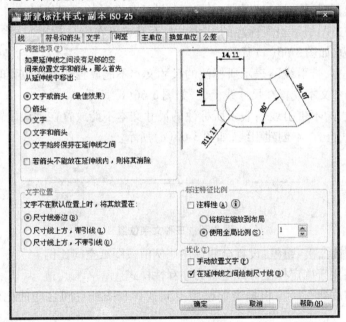

图3-64 "调整"选项卡

①"调整选项"组框:控制基于延伸线之间可用空间的文字和箭头的位置。如果有足够大的空间,文字和箭头都将放在延伸线内;否则,将按照"调整"选项放置文字和箭头。

"文字或箭头(最佳效果)":系统将根据延伸线之间的距离,来判断文字和箭头放置的位置,并会以最佳效果自动调整文字和箭头的位置。当标注圆的直径时,如数字放在圆外,则两箭头由外指向圆,如图3-65(a)所示。当直径数字放在圆内时,只显示一个箭头,如图3-65(b)所示。

"箭头":表示当延伸线内空间不足时,将箭头放置在延伸线外面。

"文字":表示当延伸线内空间不足时,将尺寸文本放置在延伸线外面。

"文字和箭头":表示当延伸线内空间不足时,将尺寸文本和箭头均放置在延伸线外面。当标注圆的直径时,数字始终在圆内,尺寸线两端都有箭头,且由圆内指向圆,如图3-65(c)所示。

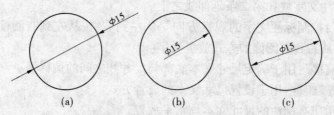

图3-65 圆的直径三种标注方法

"文字始终保持在延伸线之间":表示所标注的尺寸文本始终放置在延伸线之间。

"若箭头不能放在延伸线内,则将其消除":表示当两延伸线之间没有足够空间放置箭头时,则隐藏箭头。

②"文字位置"组框:控制尺寸文本离开其默认位置时的放置位置。

"尺寸线旁边":表示当所标注的尺寸文本不能放置在默认位置时,将尺寸文本放置在延伸线的旁边,如图3-66(a)所示。

"尺寸线上方,带引线":表示所标注的尺寸文本不能放置在默认位置时,系统将自动创建引线,将尺寸文本放置在尺寸线上方,如图3-66(b)所示。

"尺寸线上方,不带引线":表示所标注的尺寸文本不能放置在默认位置时,将尺寸文本放置在尺寸线上方,不创建引线,如图3-66(c)所示。

图3-66 三种文字位置

③"标注特征比例"组框:设置全局标注比例值或图纸空间比例。

"注释性":用于确定标注样式是否为注释性样式。

"将标注缩放到布局":根据当前模型空间视口和图纸空间之间的比例确定比例因子。

"使用全局比例":为所有标注样式设置一个比例,这些设置指定了大小、距离或间距,包括文字和箭头大小。该缩放比例并不更改标注的测量值,即实际标注参数与设置参数的大小之比。如设置字高为2.5,全局比例为2,则标注出来的实际字高为5。

④"优化"组框:设置尺寸文本的精细微调选项。

"手动放置文字":忽略所有水平对正设置并把文字放在"尺寸线位置"提示下指定的位置。

"在延伸线之间绘制尺寸线":即使箭头放在延伸线之外,也在延伸线之间绘制尺寸线。

(5)"主单位"选项卡(见图3-67)。

①"线性标注"组框:用于设置线性标注的格式和精度。

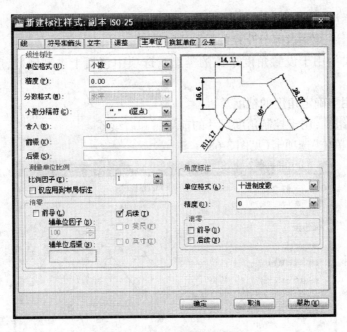

图3-67 "主单位"选项卡

"单位格式":用于设置除角度外的工程尺寸的单位类型。在下拉列表中提供的选项有科学、小数、工程、建筑、分数等。

"精度":用于确定工程尺寸的精度。

"分数格式":用于设置分数的格式,该选项只有当"单位格式"设置为"分数"时才有效。可选项中包括水平、对角、非堆叠。

"小数分隔符":用于设置十进制的整数部分和小数部分之间的分隔符。可选项中包括句点、逗点、空格。

"舍入":用于设定小数点的精确位数。如有两个尺寸分别为20.2536和20.1457,若将"舍入"值由原来的0.0000改为0.0100,则这两个数将显示为20.25和20.15。

"前缀"和"后缀":用于设置给标注的文本添加一个前缀或后缀。例如,如果使用的单位不是mm,而是m,则可在"后缀"一栏中输入"m"。

②"测量单位比例"组框:用于设置比例因子,控制该比例因子是否只应用到布局标注中。

"比例因子":用于设置除角度外的所有标注测量值的比例因子,缺省值为1,即系统将按实际测量值标注尺寸。如设置比例因子为2,实际绘图尺寸为20,则所标注的尺寸为40。

"仅应用到布局标注":表示所设置的比例因子仅对在布局中创建的标注有效,而对模型空间的尺寸标注无效。

③"消零"组框:用于控制前导零和后续零。

"前导":选取该项,表示系统不输出十进制尺寸的前导零。例如,实际尺寸为"0.4000",而标注时则显示为".4000"。

"后续":选取该项,表示系统不输出十进制尺寸的后续零。例如,实际尺寸为

"0.4000",而标注时则显示为"0.4"。

④"角度标注"组框:用于设置角度标注的格式。

"单位格式":用于设置角度单位的类型。选项中包括十进制度数、度/分/秒、百分度、弧度。

"精度":用于确定角度的精度。

⑤"消零"组框:用于控制角度尺寸的前导零和后续零。

(6)"换算单位"选项卡(见图3-68)。

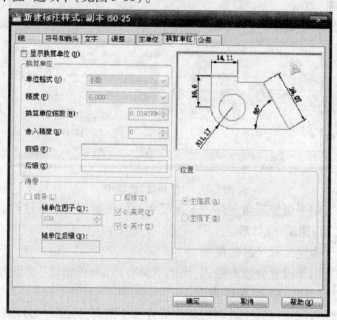

图3-68 "换算单位"选项卡

①"显示换算单位"复选框:用于控制是否显示经过换算后标注文字的值。选中该选项时,在标注文字中将同时显示以两种单位标志的测量值。

②"换算单位"组框:该组框中的选项用于控制经过换算后的值,其中"单位格式"、"精度"、"舍入精度"、"前缀"、"后缀"、"前导"和"后续"在前面已叙述过,下面只介绍前面没有涉及的选项。

"换算单位倍数":用于确定主单位尺寸和换算单位尺寸之间的换算因子。

③"位置"组框:用于控制换算单位尺寸与主单位尺寸的相对位置。

"主值后":选取该选项,表示换算单位尺寸放置在主单位尺寸的后面。

"主值下":选取该选项,表示换算单位尺寸放置在主单位尺寸的下面。

(7)"公差"选项卡(见图3-69)。

①"公差格式"组框:用于控制公差格式。

"方式":用于设置显示公差的方式。选项中包括五种方式,如图3-70所示。"无"表示不标注偏差,"对称"表示按上下偏差绝对值相等的标注方式标注尺寸,"极限偏差"表示按上下偏差不等的标注方式标注尺寸,"极限尺寸"表示按极限尺寸进行标注,"基本尺寸"表示基本尺寸标注在矩形框内。

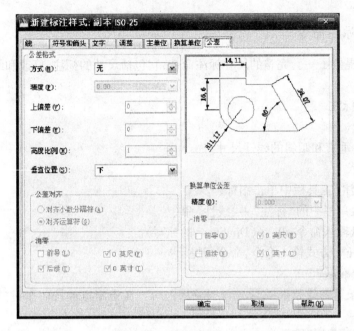

图 3-69　"公差"选项卡

图 3-70　显示公差的方式

"精度"：用于确定偏差值的精度。

"上偏差与下偏差"：用来输入上、下偏差值。

"高度比例"：用于设置偏差数字高度与基本尺寸数字高度之比。

"垂直位置"：用于控制基本尺寸相对于上、下偏差的位置。选项中包括三种位置，如图 3-71 所示。

图 3-71　公差文字的三种对齐方式

②"公差对齐"组框：用于堆叠时，控制上偏差值和下偏差值的对齐。其中，"对齐小数分隔符"表示使小数分隔符对齐，通过小数分割符堆叠值；"对齐运算符"表示使运算符对齐，通过运算符堆叠值。

③"换算单位公差"组框：用于设置换算单位的"精度"和"消零"方式，控制是否禁止输出前导零和后续零以及 0 英尺和 0 英寸部分。"前导"表示不输出所有十进制标注中的前导零。例如，"0.5000"变成".5000"。"后续"表示不输出所有十进制标注中的后续零。例如，"12.5000"变成"12.5"，"30.0000"变成"30"。"0 英尺"表示如果长度小于 1 英尺，则消除英尺 - 英寸标注中的英尺部分。例如，"0′ - 6 1/2″"变成"6 1/2″"。"0 英寸"表示如果长度为整英尺数，则消除英尺 - 英寸标注中的英寸部分。例如，"1′ - 0″"变为"1′"。

二、尺寸标注命令

AutoCAD 提供了一套完整的尺寸标注命令,它包括尺寸的标注、修改和编辑及其快速标注等功能。

(一)线性标注

1. 功能

标注水平、垂直和倾斜的线性尺寸。

2. 命令格式

(1)在"标注"工具栏中单击图标。

(2)单击菜单栏中的"标注"→"线性"命令。

(3)由键盘输入命令:dli↙(Dimlinear 的缩写)。

选择上述任一方式输入命令,命令行提示:

命令:_dimlinear

指定第一条延伸线原点或 <选择对象>:　　　　　(指定点或按回车键选择要标注的对象)

指定第二条延伸线原点:

指定尺寸线位置或[多行文字(M)/文字(T)/角度(A)/水平(H)/垂直(V)/旋转(R)]:

3. 选项说明

指定尺寸线位置:使用指定点定位尺寸线并确定绘制延伸线的方向。指定位置之后,将绘制标注。

多行文字(M):显示"文字格式"编辑器,可用它来编辑标注文字。要添加前缀或后缀,则在生成的测量值前后输入前缀或后缀。要编辑或替换生成的测量值,请删除文字,输入新文字,然后单击"确定"。

文字(T):在命令提示下,自定义标注文字。生成的标注测量值显示在尖括号中。

输入标注文字 <当前>:

在上面命令指示下,输入标注文字,或按 Enter 键接受生成的测量值。要包括生成的测量值,则用尖括号(< >)表示生成的测量值。

角度(A):修改标注文字的角度。

水平(H):创建水平线性标注。

垂直(V):创建垂直线性标注。

旋转(R):创建旋转线性标注。

【例 3-13】 标注如图 3-72(a)所示尺寸。

命令:_dimlinear

指定第一条延伸线原点或 <选择对象>:　　　　(选 P1 点)

指定第二条延伸线原点:　　　　(选 P2 点)

指定尺寸线位置或[多行文字(M)/文字(T)/角度(A)/水平(H)/垂直(V)/旋转(R)]:

(鼠标单击 P3 点附近)

此时在 P3 点附近标注出图示尺寸,其中尺寸文本是系统提供的,未对其进行修改。

结果如图 3-72(a)所示。

标注如图 3-72(b)所示尺寸,命令过程如下:

命令:_dimlinear

指定第一条延伸线原点或 <选择对象>:　　　　　(选 P1 点)

指定第二条延伸线原点:　　　　(选 P2 点)

指定尺寸线位置或[多行文字(M)/文字(T)/角度(A)/水平(H)/垂直(V)/旋转(R)]:T↙

输入标注文字 <29.48 >:%%c30↙

指定尺寸线位置或[多行文字(M)/文字(T)/角度(A)/水平(H)/垂直(V)/旋转(R)]:

(鼠标单击 P3 点附近)

结果如图 3-72(b)所示。

标注如图 3-72(c)所示尺寸,命令过程如下:

命令:_dimlinear

指定第一条延伸线原点或 <选择对象>:　　　　　(选 P1 点)

指定第二条延伸线原点:　　　　(选 P2 点)

指定尺寸线位置或[多行文字(M)/文字(T)/角度(A)/水平(H)/垂直(V)/旋转(R)]:V↙

指定尺寸线位置或[多行文字(M)/文字(T)/角度(A)]:T↙

输入标注文字 <9.68 >:10↙

指定尺寸线位置或[多行文字(M)/文字(T)/角度(A)]:　　　　　(鼠标单击 P3 点附

近)

结果如图 3-72(c)所示。

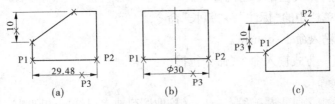

图 3-72　线性标注示例

(二)对齐标注

1. 功能

用于标注带有倾斜尺寸线的尺寸标注。

2. 命令格式

(1)在"标注"工具栏中单击图标↘。

(2)单击菜单栏中的"标注"→"对齐"命令。

(3)由键盘输入命令:dal↙(Dimaligned 的缩写)。

选择上述任一方式输入命令,命令行提示:

命令:_dimaligned

指定第一条延伸线原点或 <选择对象>:　　　　　(指定点或按回车键选择要标注的

对象)

指定第二条延伸线原点:

指定尺寸线位置或［多行文字(M)/文字(T)/角度(A)］:

3.选项说明

指定第一条延伸线原点:该选项为默认选项,用两点确定所标注尺寸。

选择对象:用选择直线、圆或圆弧实体,以实体的端点或圆上任意点作为测量点标注尺寸。

【例3-14】 标注如图3-73所示尺寸。

命令:_dimaligned

指定第一条尺寸界线原点或［选择对象］: （选P1点）

指定第二条尺寸界线原点: （选P2点）

指定尺寸线位置或［多行文字(M)/文字(T)/角度(A)］:T↙

输入标注文字 ＜23.4＞:24↙

指定尺寸线位置或［多行文字(M)/文字(T)/角度(A)］:
（在P3点附近单击鼠标）

结果如图3-73所示。

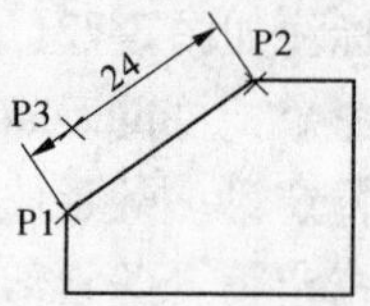

（三）弧长标注

图3-73 对齐标注示例

1.功能

弧长标注用于测量圆弧或多段线圆弧段上的距离。弧长标注的延伸线可以正交或径向。在标注文字的上方或前面将显示圆弧符号。

2.命令格式

(1)在"标注"工具栏中单击图标 。

(2)单击菜单栏中的"标注"→"弧长"命令。

(3)由键盘输入命令:dimarc↙。

选择上述任一方式输入命令,命令行提示:

命令:_dimarc

选择弧线段或多段线圆弧段: （拾取圆弧或多段线中的圆弧）

指定弧长标注位置或［多行文字(M)/文字(T)/角度(A)/部分(P)/引线(L)］:

3.选项说明

指定弧长标注位置:该选项为默认选项。

多行文字(M)/文字(T)/角度(A):这三个选项与线性标注中相应的选项含义相同,不再重述。

部分(P):缩短弧长标注的长度。

引线(L):添加引线对象。仅当圆弧（或圆弧段）大于90°时才会显示此选项。引线是按径向绘制的,指向所标注圆弧的圆心。

指定弧长标注位置或［多行文字(M)/文字(T)/角度(A)/部分(P)/无引线(N)］:
指定点或输入选项。引线将自动创建。"无引线"选项可在创建引线之前取消"引线"选项。要删除引线,应先删除弧长标注,然后重新创建不带引线选项的弧长标注。

（四）坐标标注

1. 功能

坐标标注测量原点（称为基准点）到特征点（例如部件上的一个孔）的垂直距离。这种标注保持特征点与基准点的精确偏移量，从而避免增大误差。

2. 命令格式

（1）在"标注"工具栏中单击图标 🔤 。

（2）单击菜单栏中的"标注"→"坐标"命令。

（3）由键盘输入命令：dor ↙（Dimordinate 的缩写）。

选择上述任一方式输入命令，命令行提示：

命令：_dimordinate

指定点坐标：

指定引线端点或［X 基准（X）/Y 基准（Y）/多行文字（M）/文字（T）/角度（A）］：

3. 选项说明

指定引线端点：使用点坐标和引线端点的坐标差可确定它是 X 坐标标注还是 Y 坐标标注。如果 Y 坐标的坐标差较大，标注就测量 X 坐标；否则，就测量 Y 坐标。

X 基准（X）：测量 X 坐标并确定引线和标注文字的方向。将显示"引线端点"提示，从中可以指定端点。

Y 基准（Y）：测量 Y 坐标并确定引线和标注文字的方向。将显示"引线端点"提示，从中可以指定端点。

多行文字（M）：显示"文字格式"编辑器，可用它来编辑标注文字。要添加前缀或后缀，则在生成的测量值前后输入前缀或后缀。要编辑或替换生成的测量值，先删除文字，输入新文字，然后单击"确定"。

文字（T）：在命令提示下，自定义标注文字。生成的标注测量值显示在尖括号中。

输入标注文字 <当前 >：　　　　　（输入标注文字，或按回车键接受生成的测量值）

角度（A）：修改标注文字的角度。

指定标注文字的角度：　　　　　（输入角度。例如，要将文字旋转45°，请输入 45）

指定角度后，将再次显示"引线端点"提示。要包括生成的测量值，请用尖括号（< >）表示生成的测量值。

（五）半径标注

1. 功能

用于标注圆或圆弧的半径尺寸。

2. 命令格式

（1）在"标注"工具栏中单击图标 🔘 。

（2）单击菜单栏中的"标注"→"半径"命令。

（3）由键盘输入命令：dra ↙（Dimradius 的缩写）。

选择上述任一方式输入命令，命令行提示：

命令：_dimradius

选择圆弧或圆：　　　　　（拾取要标注尺寸的圆弧或圆）

标注文字＝（测量值）

指定尺寸线位置或［多行文字（M）/文字（T）/角度（A）］： （确定尺寸线位置，即完成圆弧或圆尺寸的标注）

（六）折弯标注

1. 功能

测量选定对象的半径，并显示前面带有一个半径符号的标注文字。可以在任意合适的位置指定尺寸线的原点。一般用于大圆弧半径的标注。

2. 命令格式

（1）在"标注"工具栏中单击图标❷。

（2）单击菜单栏中的"标注"→"折弯"命令。

（3）由键盘输入命令：djo ✓（Dimjogged 的缩写）。

选择上述任一方式输入命令，命令行提示：

命令：_dimjogged

选择圆弧或圆： （拾取圆弧或圆）

指定中心位置替代： （指定一点为替代的圆心）

标注文字＝（测量的半径值）

指定尺寸线位置或［多行文字（M）/文字（T）/角度（A）］： （确定尺寸线位置，即完成圆或圆弧半径的标注）

指定折弯位置： （指定弯折的位置，结束命令）

（七）直径标注

1. 功能

用于标注圆或圆弧的直径尺寸。

2. 命令格式

（1）在"标注"工具栏中单击图标❸。

（2）单击菜单栏中的"标注"→"直径"命令。

（3）由键盘输入命令：ddi ✓（Dimdiameter 的缩写）。

选择上述任一方式输入命令，命令行提示：

命令：_dimdiameter

选择圆或圆弧： （拾取要标注尺寸的圆或圆弧）

标注文字＝（测量值）

尺寸线位置或［多行文字（M）/文字（T）/角度（A）］： （确定尺寸线位置，即完成圆或圆弧尺寸的标注）

（八）角度标注

1. 功能

用于标注圆弧的中心角、两条非平行线之间的夹角或指定 3 个点所确定的夹角。

2. 命令格式

（1）在"标注"工具栏中单击图标▲。

（2）单击菜单栏中的"标注"→"角度"命令。

（3）由键盘输入命令：dan ↙（Dimangular 的缩写）。

选择上述任一方式输入命令，命令行提示：

命令：_dimangular

选择圆弧、圆、直线或＜指定顶点＞：

3.选项说明

选择圆弧：在圆弧上拾取一点，系统会以弧线中心与弧线两端点的连线作为两条夹角边测量出角度值，并以拖动方式显示尺寸标注，命令行提示：

指定标注弧线位置或[多行文字(M)/文字(T)/角度(A)]： （确定弧线位置，系统会自动绘制一条圆弧尺寸线，并标注出圆弧的角度，如图 3-74(a)所示）

选择圆：在圆上拾取一点，拾取点与圆心的连线构成夹角边的第一条延伸线，命令行提示：

指定角的第二个端点： （在圆上任取一点，拾取点与圆心的连线构成夹角边的第二条延伸线）

指定标注弧线位置或[多行文字(M)/文字(T)/角度(A)]： （确定弧线位置，系统会自动绘制一条圆弧尺寸线，并标注出圆弧的角度，如图 3-74(b)所示）

选择直线：分别选择两条非平行直线，并以拖动方式显示出尺寸标注，命令行提示：

指定标注弧线位置或[多行文字(M)/文字(T)/角度(A)]： （确定弧线位置，系统会自动绘制一条圆弧尺寸线，并标注出两条直线间的夹角，如图 3-74(c)所示）

按回车键，即选定默认的"指定顶点"项，系统会自动按三点方式绘制角度标注尺寸，命令行提示：

指定角的顶点： （指定一点作为角的顶点）

指定角的第一个端点： （指定一点作为角的第一个端点）

指定角的第二个端点： （指定一点作为角的第二个端点）

指定标注弧线位置或[多行文字(M)/文字(T)/角度(A)]： （确定弧线位置，完成角度尺寸标注，如图 3-74(d)所示）

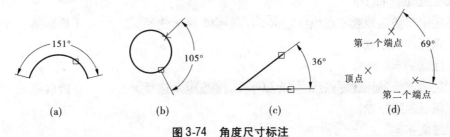

图 3-74　角度尺寸标注

（九）基线标注

1.功能

用于多个尺寸标注使用同一条延伸线作为基准，创建一系列由相同的标注原点测量出来的尺寸标注。

2.命令格式

（1）在"标注"工具栏中单击图标 。

（2）单击菜单栏中的"标注"→"基线"命令。

（3）由键盘输入命令：dba ↙（Dimbaseline 的缩写）。

在采用基线标注形式之前，必须先标注出一个尺寸，如图 3-58 中的基线标注之前，先标注尺寸 6，然后进行基线标注。

选择上述任一方式输入命令，命令行提示：

命令：_dimbaseline

指定第二条延伸线原点或［放弃（U）/选择（S）］＜选择＞：　　　（拾取第二个尺寸的第二条延伸线原点）

标注文字 =14

指定第二条延伸线原点或［放弃（U）/选择（S）］＜选择＞：　　　（拾取第三个尺寸的第二条延伸线原点）

标注文字 =24

指定第二条延伸线原点或［放弃（U）/选择（S）］＜选择＞：↙　　　（结束基线尺寸标注）

（十）连续标注

1．功能

用于标注一连串的尺寸，即每一个尺寸的第二个延伸线原点，是下一个尺寸的第一个延伸线的原点（见图 3-58）。

2．命令格式

（1）在"标注"工具栏中单击图标 ⊞。

（2）单击菜单栏中的"标注"→"连续"命令。

（3）由键盘输入命令：dco ↙（Dimcontinue 的缩写）。

在采用连续标注形式之前，必须先标注出一个尺寸，如图 3-58 中的尺寸 5。

选择上述任一方式输入命令，命令行提示：

命令：_dimcontinue

指定第二条延伸线原点或［放弃（U）/选择（S）］＜选择＞：　　　（拾取第二个尺寸的第二条延伸线原点）

标注文字 =5

指定第二条延伸线原点或［放弃（U）/选择（S）］＜选择＞：　　　（拾取第三个尺寸的第二条延伸线原点）

标注文字 =6

指定第二条延伸线原点或［放弃（U）/选择（S）］＜选择＞：↙　　　（结束连续尺寸标注）

（十一）快速标注

1．功能

可快速创建一系列标注，特别适合创建系列基线或连续标注，或为一系列圆、圆弧创建标注，它是并列标注的唯一方法。

2.命令格式

(1)在"标注"工具栏中单击图标🖾。

(2)单击菜单栏中的"标注"→"快速标注"命令。

(3)由键盘输入命令:Qdim✓。

选择上述任一方式输入命令,命令行提示:

命令:_qdim

选择要标注的几何图形:　　　　　(选择一个或多个需要标注的对象)

指定尺寸线位置或[连续(C)/并列(S)/基线(B)/坐标(O)/半径(R)/直径(D)/基准点(P)/编辑(E)/设置(T)]<连续>:　　　　(若按回车键或点击右键确定,则系统按当前选项对所选对象进行快速标注;否则,用户可根据提示输入一个选项,完成标注)

3.选项说明

连续(C):创建一系列连续标注尺寸,为缺省项。

并列(S):创建一系列并列标注尺寸。

基线(B):创建一系列基线标注尺寸。

坐标(O):创建一系列坐标标注尺寸。

半径(R):创建一系列半径标注尺寸。

直径(D):创建一系列直径标注尺寸。

基准点(P):为基线和坐标标注设置新的基准点。此时,系统将要求用户输入新的基准点,新的基准点确定后,系统又返回前面的提示。

编辑(E):通过增加或减少尺寸标注点来编缉一系列尺寸。

提示:快速标注命令特别适合基线标注、连续标注及一系列圆的半径、直径尺寸的标注。

4.并列标注

(1)拾取需要标注的几何元素。单击"快速标注"图标🖾,命令行提示:

关联标注优先级=端点

选择要标注的几何图形:指定对角点:找到7个　　　　(用窗口拾取方法拾取需要标注的几何元素,如图3-75(a)所示,细实线矩形表示拾取窗口)

选择要标注的几何图形:　　　　(点击右键结束拾取)

指定尺寸线位置或[连续(C)/并列(S)/基线(B)/坐标(O)/半径(R)/直径(D)/基准点(P)/编辑(E)/设置(T)]<连续>:s✓　　　　(设置为并列标注类型)

指定尺寸线位置或[连续(C)/并列(S)/基线(B)/坐标(O)/半径(R)/直径(D)/基准点(P)/编辑(E)/设置(T)]<并列>:　　　　(这时可以看到尺寸,但不一定是理想的状态。有可能不需要标注的点被拾取,也有可能需要标的点未被拾取,这就要对拾取点进行编辑)

(2)对拾取点进行编辑。当需要对拾取点进行编辑时,输入e并回车,所有拾取点处有一个小叉,如图3-75(b)所示。命令行继续提示:

指定要删除的标注点或[添加(A)/退出(X)]<退出>:　　　　(拾取中心线上一个端点)

已删除一个标注点

指定要删除的标注点或［添加（A）/退出（X）］＜退出＞：　　　　　（拾取中心线上另一个端点）

已删除一个标注点

指定要删除的标注点或［添加（A）/退出（X）］＜退出＞：A↙　　　（进入添加拾取点状态）

指定要添加的标注点或［删除（R）/退出（X）］＜退出＞：　　　（拾取圆中心线的端点）

已添加一个标注点

指定要添加的标注点或［删除（R）/退出（X）］＜退出＞：　　　（拾取另一个圆中心线端点，如图3-75（c）所示）

已添加一个标注点

指定要添加的标注点或［删除（R）/退出（X）］＜退出＞：X↙　　　（输入X或点击右键结束编辑，回到原命令行提示状态）

指定尺寸线位置或［连续（C）/并列（S）/基线（B）/坐标（O）/半径（R）/直径（D）/基准点（P）/编辑（E）/设置（T）］＜并列＞：

（3）确定尺寸线位置。用光标拖动指定尺寸线位置后单击左键，完成并列标注，如图3-75（d）所示。

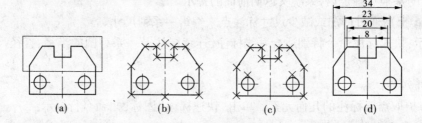

(a)　　　　　　(b)　　　　　　(c)　　　　　　(d)

图3-75　并列标注图例

（十二）多重引线标注

1. 定义多重引线样式

1）功能

设置当前多重引线样式，以及创建、修改和删除多重引线样式。

2）命令格式

（1）在"样式"工具栏中单击图标🖉。

（2）单击菜单栏中的"格式"→"多重引线样式"命令。

（3）由键盘输入命令：Mleaderstyle↙。

选择上述任一方式输入命令，AutoCAD弹出"多重引线样式管理器"对话框，如图3-76所示。

3）选项说明

当前多重引线样式：显示当前多重引线样式名称。图3-76说明当前多重引线样式为

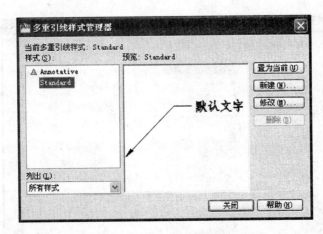

图 3-76 "多重引线样式管理器"对话框

"Standard",这是 AutoCAD 提供的默认多重引线样式。

"样式"列表框:列出已有的多重引线样式的名称。图 3-76 说明当前有两个多重引线样式,即"Standard"和"Annotative"。很显然,"Annotative"为注释性多重引线样式,因为样式名前有图标▲。

"列出"下拉列表框:确定要在"样式"列表框中列出哪些多重引线样式。可以通过下拉列表在"所有样式"和"正在使用的样式"之间选择。

"预览"图像框:预览在"样式"列表框中所选中的多重引线样式的标注效果。

置为当前(U) 按钮:将指定的多重引线设为当前样式。设置方法为:在"样式"列表框中选择对应的多重引线样式,单击"置为当前"按钮。

新建(N)... 按钮:创建新多重引线样式。单击"新建"按钮,AutoCAD 弹出如图 3-77 所示的"创建新多重引线样式"对话框。

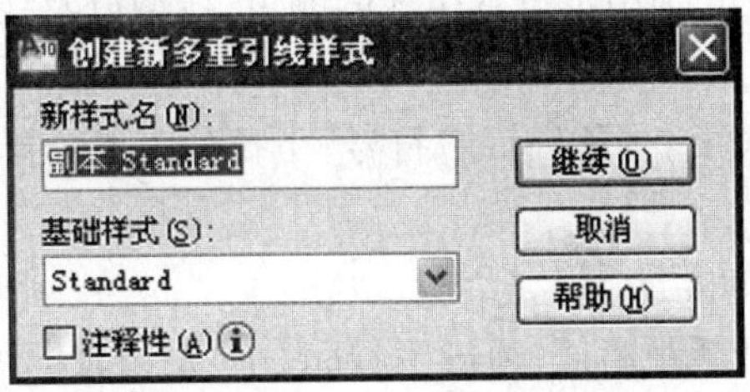

图 3-77 "创建新多重引线样式"对话框

用户可以通过对话框中的"新样式名"文本框指定新样式名称,通过"基础样式"下拉列表框确定用于创建新样式的基础样式。如果新定义的样式为 ishi 注释性样式,应选中"注释性"复选框。确定了新样式的名称和相关设置后,单击 继续(O) 按钮,AutoCAD 弹出"修改多重引线样式"对话框,如图 3-78 所示。

修改(M)... 按钮:修改已有的多重引线样式。从"样式"列表框中选择要修改的多重引线样式,单击 修改(M)... 按钮,AutoCAD 弹出与图 3-78 类似的"修改多重引线样式"对话框,用于样式的修改。

删除(D) 按钮:删除已有的多重引线样式。从"样式"列表框中选择要删除的多重引线样式,单击 删除(D) 按钮即可将其删除。

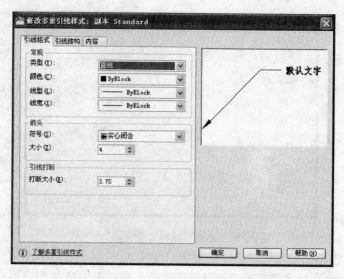

图 3-78　"修改多重引线样式"对话框

提示：只能删除当前图形中没有使用的多重引线样式。

如图 3-78 所示的对话框中有"引线格式"、"引线结构"和"内容"3 个选项卡，下面分别介绍这些选项卡的功能。

（1）"引线格式"选项卡：用于设置引线格式，图 3-78 是对应的对话框，下面介绍选项卡中主要项的功能。

①"常规"选项组。

设置引线的外观。其中，"类型"下拉列表框用于设置引线的类型，列表中有"直线"、"样条曲线"和"无"3 个选项，分别表示引线为直线、样条曲线或没有引线；"颜色"、"线型"和"线宽"下拉列表框分别用于设置引线的颜色、线型以及线宽。

②"箭头"选项组。

设置箭头的样式与大小。可以通过"符号"下拉列表框选择样式，通过"大小"组合框指定大小。

③"引线打断"选项。

设置引线打断时的打断距离值，通过"打断大小"框设置即可。

④预览框。

预览对应的引线样式。

（2）"引线结构"选项卡：用于设置引线的结构，图 3-79 是对应的对话框。

下面介绍选项卡中主要项的功能：

①"约束"选项组。

控制多重引线的结构。其中，"最大引线点数"复选框用于确定是否要指定引线端点的最大数量。选中复选框表示要指定，此时可以通过其右侧的组合框指定具体的值；"第一段角度"和"第二段角度"复选框分别用于确定是否设置反映引线中第一段线条和第二段直线方向的角度（如果引线是样条曲线，则分别设置第一段样条曲线和第二段样条曲线起点切线的角度）。选中复选框后，用户可以在对应的组合框中指定角度。需要说明

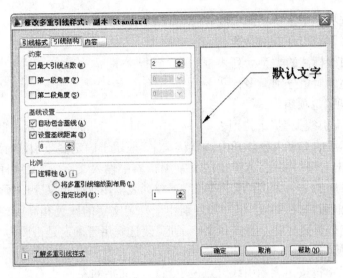

图 3-79　"引线结构"选项卡

的是,一旦指定了角度,对应线段(或曲线)的角度方向会按设置值的整数倍变化。

　　②"基线设置"选项组。

　　设置多重引线中的基线,即在如图 3-79 所示的对话框的预览框中,引线上的水平直线部分。其中,"自动包含基线"复选框用于设置引线中是否含基线。选中复选框表示含有基线,此时还可以通过"设置基线距离"组合框指定基线的长度。

　　③"比例"选项组。

　　设置多重引线标注的缩放关系。"注释性"复选框用于确定多重引线样式是否为注释性样式;"将多重引线缩放到布局"单选按钮表示将根据当前模型空间视口和图纸空间之间的比例确定比例因子;"指定比例"单选按钮用于为所有多重引线标注设置一个缩放比例。

　　(3)"内容"选项卡:用于设置多重引线标注的内容。图 3-80 是对应的对话框。

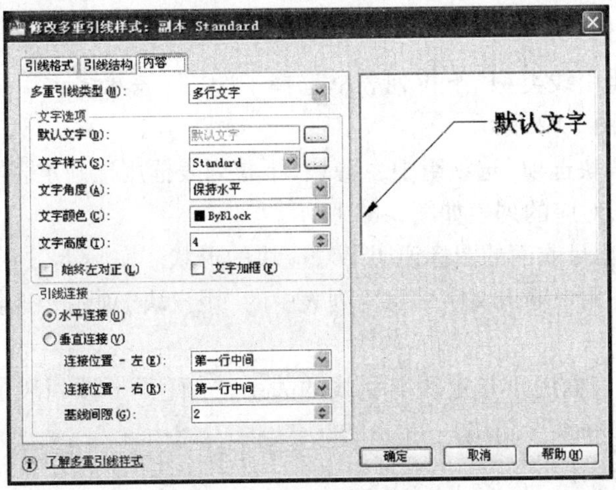

图 3-80　"内容"选项卡

下面介绍选项卡中主要项的功能：

①"多重引线类型"下拉列表框。

设置多重引线标注的类型。列表框中有"多行文字"、"块"和"无"3个选择，即表示由多重引线标注的对象分别是多行文字、块或没有内容。

②"文字选项"选项组。

如果在"多重引线类型"下拉列表框中选中"多行文字"，则会显示出此选项组，用于设置多重引线标注的文字内容。其中，"默认文字"框用于确定多重引线标注中使用的默认文字，可以单击右侧的按钮，从弹出的文字编辑器中输入文字。"文字样式"下拉列表框用于确定所采用的文字样式；"文字角度"下拉列表框用于确定文字的倾斜角度；"文字颜色"下拉列表框和"文字高度"组合框分别用于确定文字的颜色和高度；"始终左对正"复选框用于确定是否使文字左对齐；"文字加框"复选框用于确定是否要为文字加边框。

③"引线连接"选项组。

"水平连接"单选按钮表示引线终点位于所标注文字的左侧或右侧。"垂直连接"单选按钮表示引线终点位于所标注文字的上方和下方。如果选中"水平连接"单选按钮，可以设置基线相对于文字的具体位置。其中，"连接位置-左"表示引线位于多行文字的右侧，与它对应的列表如图3-81所示。

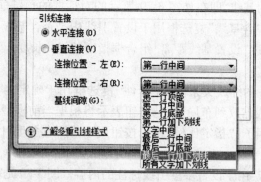

图3-81 "连接位置"下拉列表

如果通过"多重引线类型"下拉列表框选择了"块"，表示多重引线标注出的对象是块。对应的界面如图3-82所示。

在对话框中的"块选项"选项组中，"源块"下拉列表框用于确定多重引线标注。

使用的块对象，对应的列表如图3-83所示。

列表中位于各项目前面的图标说明了对应块的形状。实际上，这些块是含有属性的块，即标注后还允许用户输入文字信息。列表中的"用户块"项用于选择用户自己定义的块。

"附着"下拉列表框用于指定块与引线的关系，"颜色"下拉列表框用于指定块的颜色，但一般采用"ByBlock"（随块）。

2. 多重引线标注

1）功能

引线用于指示图形中包含的特征，并注出关于这个特征的信息；通常用于倒角或形位

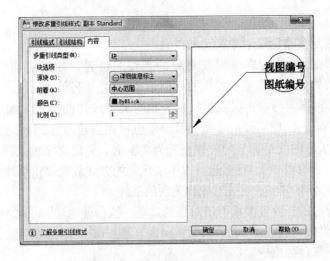

图 3-82　多重引线类型设为块后的界面

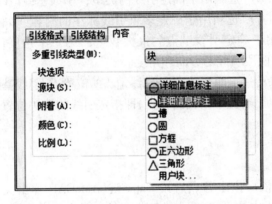

图 3-83　"源块"列表

公差代号的标注,在装配图中用来标注零件序号。在化工工艺图、电气工程图和给水排水工程图中也有广泛的应用。多重引线对象通常包含箭头、水平基线、引线或曲线和多行文字对象或块。多重引线可创建为箭头优先、引线基线优先或内容优先。可以从图形中的任意点或部件创建引线并在绘制时控制其外观。引线可以是直线段或平滑的样条曲线。如果已使用多重引线样式,则可以从该指定样式创建多重引线。

2)命令格式

单击图标:在如图 3-84 所示的"多重引线标注"工具栏中。

图 3-84　"多重引线标注"工具栏

(1)单击菜单栏中的"标注"→"多重引线"命令。

(2)由键盘输入命令:Mleader ✓。

选择上述任一方式输入命令,命令行提示:

命令:_mleader

指定引线箭头的位置或[引线基线优先(L)/内容优先(C)/选项(O)] <选项>:

3）选项说明

箭头优先：指定多重引线对象箭头的位置。

引线基线优先(L)：指定多重引线对象的基线的位置。如果先前绘制的多重引线对象是基线优先，则后续的多重引线也将先创建基线(除非另外指定)。

内容优先(C)：指定与多重引线对象相关联的文字或块的位置。如果先前绘制的多重引线对象是内容优先，则后续的多重引线对象也将先创建内容(除非另外指定)。将与多重引线对象相关联的文字标签的位置设置为文本框。完成文字输入后，单击"确定"或在文本框外单击，也可以如上所述，选择以引线优先的方式放置多重引线对象。如果此时选择"端点"，则不会有与多重引线对象相关联的基线。

选项(O)：指定用于放置多重引线对象的选项。执行该选项，AutoCAD 提示：

输入选项〔引线类型(L)/引线基线(A)/内容类型(C)/最大节点数(M)/第一个角度(F)/第二个角度(S)/退出选项(X)〕：

其中，"引线类型(L)"选项用于确定引线的类型；"引线基线(A)"选项用于确定是否使用基线；"内容类型(C)"选项用于确定多重引线标注的内容(多行文字、块或无)；"最大节点数(M)"选项用于确定引线端点的最大数量；"第一个角度(F)"和"第二个角度(S)"选项用于确定前两段引线的方向和角度。

执行"Mleader"命令后，如果在**指定引线箭头的位置或〔引线基线优先(L)/内容优先(C)/选项(O)〕** <选项> ：提示下指定一点，即指定引线的箭头位置后，AutoCAD 提示：

指定下一点：

指定下一点：

指定引线基线的位置：

在这样的提示下依次指定各点后按 Enter 键，AutoCAD 弹出文字编辑器，如图 3-85 所示。如果设置了最大点数，达到此点数后会自动显示出文字编辑器。

通过文字编辑器输入对应的多行文字后，单击"文字格式"工具栏上的确定按钮，即可完成引线标注。

图 3-85　输入多行文字

【例 3-15】　对如图 3-86(a)所示的图形进行多重引线标注，结果如图 3-86(b)所示。

操作步骤如下：

(1)定义多重引线标注样式。

执行"Mleaderstyle"命令，AutoCAD 弹出"多重标注样式管理器"对话框，单击其中的"新建"按钮，在弹出的"创建新多重引线样式"对话框中的"新样式名"文本框中输入"1"，其余采用默认设置，如图 3-87 所示。

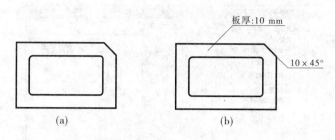

板厚:10 mm

$10 \times 45°$

(a)   (b)

图 3-86 多重引线标注示例

单击"继续"按钮,在"引线格式"选项卡中,将"箭头"选项组中的"符号"项设为"无",如图 3-88 所示。

在"引线结构"选项卡中,将"最大引线点数"设为"2",不使用基线,如图 3-89 所示。

在"内容"选项卡中,将"连接位置-左"和"连接位置-右"均设为"最后一行加下划线",如图 3-90 所示。注意预览图像所示的标注效果。

单击"确定"按钮,AutoCAD 返回到"多重引线样式管理器"对话框,如图 3-91 所示。

单击"关闭"按钮,完成新多重引线样式"1"的定义,并将新样式"1"设为当前样式。

图 3-87 "创建新多重引线样式"对话框   图 3-88 "引线格式"选项卡设置

(2)标注倒角尺寸。

执行"Mleader"命令,AutoCAD 提示:

命令: _mleader

指定引线箭头的位置或[引线基线优先(L)/内容优先(C)/选项(O)]<选项>:

指定引线基线的位置:

AutoCAD 弹出文字编辑器,从中输入对应的文字,如图 3-92 所示。单击"文字格式"工具栏上的"确定"按钮,即可标注出对应的倒角尺寸。

(3)标注文字"板厚:10 mm"。

用类似的方法标注文字"板厚:10 mm",结果如图 3-86(b)所示。

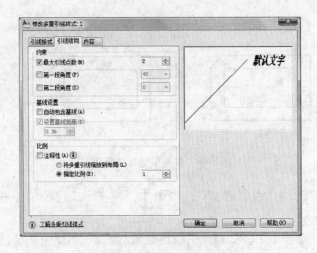

图 3-89 "引线结构"选项卡设置

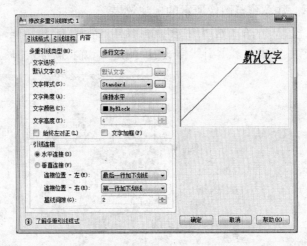

图 3-90 "内容"选项卡设置

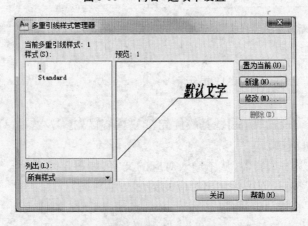

图 3-91 "多重引线样式管理器"对话框

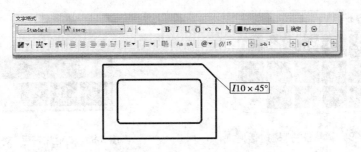

图 3-92　输入倒角尺寸

(十三) 公差标注

1. 功能

用于标注形位公差。

2. 命令格式

(1) 在"标注"工具栏中单击图标▦。

(2) 单击菜单栏中的"标注"→"公差"命令。

(3) 由键盘输入命令:tol ↙(Tolerance 的缩写)。

选择上述任一方式输入命令,弹出"形位公差"对话框,如图 3-93 所示。

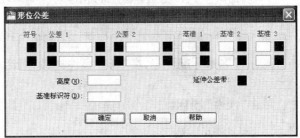

图 3-93　"形位公差"对话框

3. 选项说明

符号:用于设置形位公差符号。单击下面小黑框,将弹出"特征符号"对话框,如图 3-94 所示,供用户选择形位公差符号,若不想选,则点击白格。

公差 1:用于在特征控制框中创建第一个公差值。可在公差值前插入直径符号,在其后插入包容条件符号。

(1) 单击"公差 1"列前面的小黑色方框,插入一个直径符号。

(2) 在"公差 1"列中框内输入第一个公差值。

(3) 单击"公差 1"列后面的小黑色方框,将弹出"附加符号"对话框,如图 3-95 所示。可从中选择包容条件符号。在该对话框中自左向右依次为"最大包容条件"、"最小包容条件"和"不考虑特征条件"。

公差 2:输入第二个公差值,方法同上。

基准 1、基准 2 和基准 3:在文本框中输入第一基准、第二基准和第三基准的有关参数。

图 3-94 "特征符号"对话框

图 3-95 "附加符号"对话框

【例 3-16】 完成如图 3-96 所示图形中直径、倒角和形位公差的尺寸标注。

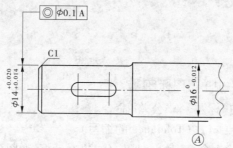

图 3-96 引线及公差标注应用举例

操作步骤如下：

（1）标注轴径尺寸。

①设置尺寸标注样式。按国家标准规定，在"新建标注样式"对话框中对各选项卡进行设置。

②标注轴径尺寸。单击"线性"图标 ⊟，命令行提示：

命令：_dimlinear

指定第一条延伸线原点或＜选择对象＞： （拾取 $\phi14$ 轴径的最上素线投影一点）

指定第二条延伸线原点： （拾取 $\phi14$ 轴径的最下素线投影一点）

指定尺寸线位置或［多行文字(M)/文字(T)/角度(A)/水平(H)/垂直(V)/旋转(R)］：

m ✓ （选择用多行文字方式重新输入尺寸，弹出"文字格式"对话框。在该对话框中输入"%%c14＋0.020^＋0.014"，然后用光标选中"＋0.020^＋0.014"，单击"堆叠"图标 ，完成公差的堆叠后，单击 确定 按钮，完成尺寸的重新输入）

指定尺寸线位置或［多行文字(M)/文字(T)/角度(A)/水平(H)/垂直(V)/旋转(R)］：

（用光标拖动尺寸线到适当位置单击左键，完成尺寸标注）

标注文字 = 14 （命令行显示原始尺寸数值，结束命令）

采用同样方法，标注另一个轴径尺寸。

提示：为了整齐美观，在 0 偏差值前面加一空格，在堆叠时选中包括空格在内，这样使上下偏差个位对齐。

（2）标注倒角尺寸。

①设置"多重引线"的标注样式，如图 3-97 所示。

②标注倒角尺寸。单击"多重引线"图标 ，命令行提示：

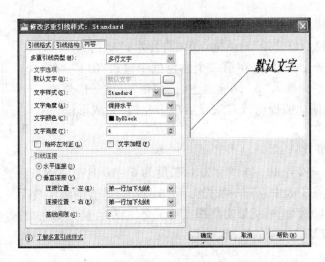

图 3-97　设置"多重引线"的标注样式

命令：_mleader

指定引线箭头的位置或 [引线基线优先(L)/内容优先(C)/选项(O)] <选项>：

指定引线基线的位置：

AutoCAD 弹出文字编辑器，从中输入对应的文字，如图 3-98 所示。单击"文字格式"工具栏上的"确定"按钮，即可标注出对应的倒角尺寸。

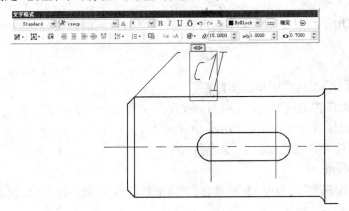

图 3-98　标注出对应的倒角尺寸

（3）标注形位公差代号。

①设置"多重引线"的尺寸样式。在"引线结构"选项卡中，设置最大引线数为"3"，角度约束中的第一段为"90°"，第二段为"水平"。

②画引线。单击"多重引线"图标，命令行提示：

命令：_mleader

指定引线箭头的位置或 [引线基线优先(L)/内容优先(C)/选项(O)] <选项>：

指定引线基线的位置：

如图 3-99 所示，完成引线的绘制。

③标注形位公差。单击"公差"图标，弹出"形位公差"对话框。单击"符号"区里

的第一个小黑方框,弹出"特征符号"对话框。选取符号◎(同轴度公差),返回"形位公差"对话框。单击"公差1"区的第一个小黑方框,添加一个符号 φ,在第二个白色框中输入"0.1",在"基准1"区第一栏内输入"A",单击 确定 按钮,完成形位公差的设置。用光标拖动捕捉引线右端点后单击左键,完成形位公差的标注。

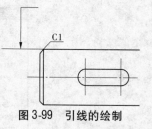

图 3-99　引线的绘制

(4)标注基准代号。

①用"直线"命令绘制一条线宽为1、长度为 6~10 且与 φ16 圆柱面轮廓线平行的特粗线段。再捕捉特粗线中点画一条长为 4~6 且与之垂直的细实线段。

②用两点画圆命令,捕捉细实线端点且正交,绘制直径为10的细实线圆,在圆内写出基准字母 A,完成基准代号的绘制。

三、编辑尺寸标注

当需要更改已标注的尺寸时,不必删除已标注的尺寸并进行重新标注,而是使用 AutoCAD 所提供的尺寸编辑命令来实现对尺寸的修改。本节主要介绍编辑标注、调整尺寸文本位置、尺寸替代、标注更新、调整标注间距、折弯线性、抽验。

(一)编辑标注

1. 功能

编辑标注用于改变已标注文本的内容、转角、位置,同时改变延伸线与尺寸线的相对倾角。

2. 命令格式

(1)在"标注"工具栏中单击图标 ⒶⒶ。

(2)单击菜单栏中的"标注"→"对齐文字"→"默认"命令。

(3)由键盘输入命令:ded ↙(Dimedit 的缩写)。

选择上述任一方式输入命令,命令行提示:

命令:_dimedit

输入标注编辑类型[默认(H)/新建(N)/旋转(R)/倾斜(O)]<默认>:↙

3. 选项说明

默认(H):可以使改变过位置的标注文本恢复到标注样式定义的缺省位置。

新建(N):用于更改已标注的文本。

旋转(R):可对已标注的文本按指定的角度进行旋转。

倾斜(O):将所选择标注的延伸线倾斜一定的角度。

(二)调整尺寸文本位置

1. 功能

调整尺寸文本位置用于改变已标注文本相对于尺寸线的位置(使用"左"、"右"、"中心"、"默认"选项)和角度(使用"旋转"选项)。

2. 命令格式

(1)在"标注"工具栏中单击图标 ⒶⒶ。

（2）单击菜单栏中的"标注"→"对齐文字"→下拉菜单项。

（3）由键盘输入命令：dimtedit✓（Dimtedit 的缩写）

选择上述任一方式输入命令,命令行提示：

命令_dimtedit

选择标注：　　　　（拾取要调整的标注文本对象）

指定标注文字的新位置或[左(L)/右(R)/中心(C)/默认(H)/角度(A)]：

3.选项说明

指定标注文字的新位置：用手动改变文字和尺寸线位置。

左(L)：将尺寸文本移至靠近左延伸线的位置。

右(R)：将尺寸文本移至靠近右延伸线的位置。

中心(C)：将尺寸文本移至延伸线中心处(在延伸线内有足够空间的情况下)。

默认(H)：将尺寸文本恢复到原来的缺省位置。

角度(A)：改变标注文本的旋转角度。

（三）尺寸替代

1.功能

尺寸替代用于临时修改某个尺寸标注的系统变量,而不改动整个尺寸标注样式。该操作只对指定的尺寸对象进行修改,修改后不影响原系统变量的设置。

2.命令格式

（1）单击菜单栏中的"标注"→"替代"命令。

（2）由键盘输入命令：dov✓（Dimoverride 的缩写）。

选择上述任一方式输入命令,命令行提示：

命令：_dimoverride

输入要替代的标注变量名或[清除替代(C)]：

3.选项说明

输入要替代的标注变量名：直接输入尺寸标注系统变量名。

清除替代(C)：用于消除已替代的尺寸变量,恢复到原来状态。该选项只对已替代的尺寸才有效。

（四）标注更新

1.功能

标注更新用于更新当前的标注样式内容。

2.命令格式

（1）在"标注"工具栏中单击图标。

（2）单击菜单栏中的"标注"→"更新"命令。

（3）由键盘输入命令：_dimstyle✓（注意,前面要加下划线）。

选择上述任一方式输入命令,命令行提示：

命令：_dimstyle

当前标注样式：ISO-25　　注释性：否

输入标注样式选项[注释性(AN)/保存(S)/恢复(R)/状态(ST)/变量(V)/应用(A)

/?]＜恢复＞：　　　　（输入选项或按 Enter 键可以将标注系统变量保存或恢复到选定的标注样式）

3.选项说明

注释性(AN)：创建注释性标注样式。

创建注释性标注样式［是(Y)/否(N)］＜是＞：

保存(S)：将标注系统变量的当前设置保存到标注样式。

恢复(R)：将标注系统变量设置恢复为选定标注样式的设置。

状态(ST)：显示所有标注系统变量的当前值。

变量(V)：列出某个标注样式或选定标注的标注系统变量设置，但不修改当前设置。

应用(A)：将当前尺寸标注系统变量设置应用到选定标注对象，永久替代应用于这些对象的任何现有标注样式。但不更新现有基线标注之间的尺寸线距离，标注文字变量设置也不更新现有引线文字。

?：列出当前图形中命名的标注样式。

（五）调整标注间距

1.功能

调整标注间距可以自动调整图形中现有的平行线性标注和角度标注，以使其间距相等或在尺寸线处相互对齐。

2.命令格式

(1)在"标注"工具栏中单击图标。

(2)单击菜单栏中的"标注"→"等距标注"命令。

(3)输入命令：Dimspace ↙

选择上述任一方式输入命令，命令行提示：

命令：_dimspace

选择基准标注：　　　　（选择作为基准的尺寸）

选择要产生间距的标注：　　　　（依次选择要调整间距的尺寸）

选择要产生间距的标注：↙

输入值或［自动(A)］＜自动＞：

3.选项说明

如果输入距离值后按 Enter 键，AutoCAD 调整各尺寸线的位置，使它们之间的距离值为指定的值。如果直接按 Enter 键，AutoCAD 会自动调整尺寸线的位置。

（六）折弯线性

1.功能

可以将折弯线性添加到线性标注。折弯线用于表示不显示实际测量值的标注值。通常，标注的实际测量值小于显示的值。

2.命令格式

(1)在"标注"工具栏中单击图标。

(2)单击菜单栏中的"标注"→"标注折弯"命令。

(3)输入命令：Dimjogline ↙。

选择上述任一方式输入命令,命令行提示:

选择要添加折弯的标注或〔删除(R)〕:　　　(选择线性标注或对齐标注)

指定折弯位置(或按 Enter 键):　　　(指定一点作为折弯位置,或按 Enter 键以将折弯放在标注文字和第一条延伸线之间的中点处,或基于标注文字位置的尺寸线的中点处)

3.选项说明

添加折弯指定折弯位置(或按 Enter 键):　　　(指定一点作为折弯位置,或按 Enter 键以将折弯放在标注文字和第一条延伸线之间的中点处,或基于标注文字位置的尺寸线的中点处)

删除(R):　　　指定要从中删除折弯的线性标注或对齐标注。

选择要删除的折弯:　　　(选择线性标注或对齐标注)。

(七)抽验

1.功能

抽验使用户可以有效地传达检查所制造部件的频率,以确保标注值和部件公差位于指定范围内,可以将抽验添加到任何类型的标注对象中。

2.命令格式

(1)在"标注"工具栏中单击图标▷｜。

(2)单击菜单栏中的"标注"→"抽验"命令。

(3)输入命令:Diminspect ✓。

选择上述任一方式输入命令,弹出"抽检"对话框,如图 3-100 所示。

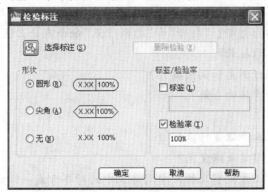

图 3-100　"抽检"对话框

3.选项说明

选择标注:指定应在其中添加或删除的检验标注。

删除检验:从选定的标注中删除检验标注。

形状:控制围绕检验标注的标签、标注值和检验率绘制的边框的形状。

圆形:使用两端点上的半圆创建边框,并通过垂直线分隔边框内的字段。

角度:使用在两端点上形成 90°角的直线创建边框,并通过垂直线分隔边框内的字段。

无:指定不围绕值绘制任何边框,并且不通过垂直线分隔字段。

标签/检验率:为检验标注指定标签文字和检验率。

标签:打开和关闭标签字段显示。

标签值:指定标签文字。选择"标签"复选框后,将在检验标注最左侧部分中显示标签。

检验率:打开和关闭比率字段显示。

检验率值:指定检查部件的频率。值以百分比表示,有效范围为 0 ~ 100。选择"检验率"复选框后,将在检验标注的最右侧部分中显示检验率。

思考题

1. 怎样作角平分线？如何进行线段等分？

2. 如何绘制圆和圆弧？

3. 如何绘制椭圆和椭圆弧？能用画椭圆的命令绘制椭圆弧吗？

4. 什么叫作多段线？用"直线"命令和"多段线"命令绘制的折线有什么不同的性质？

5. 什么样的线叫作样条曲线？在绘制工程图样时,哪些地方会用到？请举例说明。

6. "删除"与"修剪"命令有什么不同的用途？

7. 如何进行修剪和延伸？这两种编辑方法有什么异同？二者可相互转化吗？

8. 什么叫作阵列？阵列有哪几种方式？

9. "复制"与"移动"命令有什么异同点？

10. 什么叫作镜像？在文字被镜像时会出现什么问题？怎么处理？

11. 什么叫作实体的打断？"打断"和"打断于点"命令有什么区别？

12. 如何进行实体的拉长？

13. 如何对实体进行倒角和倒圆操作？

14. 为什么要进行实体的分解？

15. 什么叫夹点？

16. 图案填充的基本步骤是什么？

17. 如何选择填充图案或渐变色？

18. 单行文本的对正方式有几种？中间与正中的对齐方式一样吗？

19. 多行文本的输入与单行文本的输入有什么异同？

20. 编辑单行文字与编辑多行文字有什么异同？

21. 如何改变文字的大小、样式、对正方式和文本内容？

22. 如何设置表格样式？

23. 如何调整表格行高或列宽？如何合并表格的单元格？

24. 在 AutoCAD 中,可以使用的标注类型有哪些？

25. 线性尺寸标注指的是哪些尺寸标注？

26. 如何修改尺寸标注中的箭头大小及样式？

27. 怎样更改当前图形中已标注的尺寸？

28. 当使用基线标注时,如何操作才能使"Dimbaseline"命令有效?

29. 如果将图形中已标注的某一尺寸替换成新的尺寸文本,可以采用哪几种方法?

30. 在采用连续标注形式之前,为什么要先标注出一个尺寸?

31. 怎样在"标注样式管理器"对话框中创建符合国家制图标准的标注样式?

第四章 工程图纸绘制

第一节 建筑平面图绘制

建筑平面图反映了建筑物的平面形状和平面布置,包括墙和柱、门窗,以及其他建筑物构配件的位置和大小等。它是墙体砌筑、门窗安装和室内装修的重要依据,是施工图中最基本的图样之一。

一、绘制要求

(一)比例

建筑物平面图的比例应根据建筑物的大小和复杂程度选择,常用比例为 1:50、1:100 和 1:200,多用 1:100。

(二)线型

被剖切到的墙、柱的断面轮廓线用粗实线画出。钢筋混凝土的柱和墙的断面通常以涂黑表示。粉刷层在 1:100 的平面图中不必画出,当比例为 1:50 或更大时,则要用细实线画出。没有剖切到的可见轮廓线,如窗台、台阶、明沟、楼梯和阳台等用中实线画出,当绘制较简单的图样时,也可用细实线画出。尺寸线与尺寸界线、标高符号用细实线画出,尺寸线的起止符号用中实线画出,定位轴线用细单点长画线画出。

(三)门窗布置

门与窗均按图例画出,门线用 90°或 45°的中实线(或细实线)表示开启方向,窗线用两条平行的细实线(高窗用细虚线)图例表示窗框与窗扇。

(四)尺寸和标高

标注的尺寸包括外部尺寸和内部尺寸。外部尺寸通常为三道尺寸,一般标注在图形下方和左方。最外面一道尺寸称第一道尺寸,表示外轮廓的总尺寸,即指从一端外墙边到另一端外墙边的总长和总宽尺寸;第二道尺寸表示轴线之间的距离,通常为房间的开间和进深尺寸;第三道尺寸为细部尺寸,表示门窗洞口的宽度和位置、墙柱的大小和位置等,内部尺寸用于表示室内的门窗洞、孔洞、墙厚、房间净空及固定设施等的大小和位置。

二、常见建筑物构配件的画法

(一)柱

柱用矩形表示,矩形的长度和宽度分别对应柱截面的长度和宽度,可采用图案填充命令或多段线命令绘制,注意使用捕捉方式。柱数量较多时,可以建立块,如图 4-1 所示,通过图块插入和复制柱的方式完成柱的绘制。注意柱建块时的图形可用 1 个单位绘制,插入时选择相应的比例。

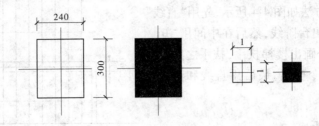

图 4-1　柱的示意图

(二)墙体线

绘制墙体线有多种办法。一种是用"直线"命令绘制单条墙线,再用"偏移"命令生成双线,最后用"修剪"命令修剪多余部分。另外,也可使用"多线"命令直接绘制墙体线,经"多线编辑"命令、"分解和修剪"命令编辑、修改、绘制内外墙体线。

(三)窗体

一般先在墙体线上对应的位置画出窗体的界线,然后用"修剪"命令开出窗洞,再用"直线"命令和"偏移"命令画出窗体线,或插入窗体图块,如图 4-2 所示。

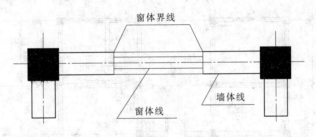

图 4-2　窗体示意图

(四)门

在实际建筑设计中,一幢建筑物有许多扇门,而且往往有许多门型号是相同的。以最简单的单扇门为例,几乎平面图中所有的单扇门都可以归纳为如图 4-3 所示的 8 种情况;而它们又可由图 4-3 所示的图变换得到。为了减少重复劳动,可将图中的图形分别做成两个图块。在作图时,当需要绘制门时,只要把相应的图块按一定的位置、比例和旋转角度插入即可。

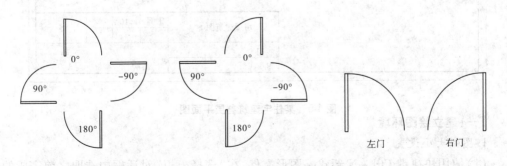

图 4-3　门体示意图

（五）楼梯

楼梯的绘制方法如图4-4所示，先用"直线"和"偏移"命令绘出台阶线，然后在中间用"矩形"和"偏移"命令画出楼梯扶手，扶手之间的直线用"修剪"命令剪出，最后用直线和箭头画出楼梯走向。

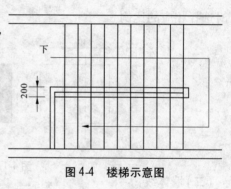

图4-4 楼梯示意图

三、实例解析

按1:100比例在A3图幅中绘制某住宅建筑首层平面图，如图4-5所示。

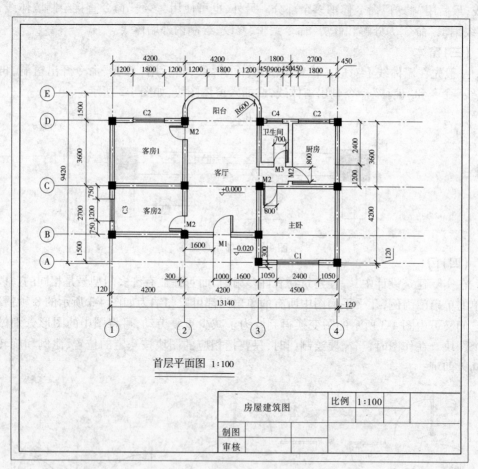

首层平面图 1:100

房屋建筑图		比例	1:100	
制图				
审核				

图4-5 某住宅建筑首层平面图

（一）建立绘图环境

1. 图幅大小设置

（1）使用快捷键Ctrl + N新建一图形文件，在"选择模板"对话框中选取之前完成的A3样板图幅，单击"打开"按钮进入绘图状态。

（2）选择"格式"→"图形边界"菜单命令，或直接输入命令"limits"，在命令行中根据提示，指定左下角点（0,0），按缺省值直接回到下一步；指定右上角点（420,297），此时输入"23 000"、"15 000"，即实际尺寸。

（3）输入快捷键 Z 执行视图缩放命令，再按命令行的提示，选择"A"，此时将重新调整视图并显示实际图幅大小。

也可以直接从样板图中调出 1：1 的 A3 图幅，采用"比例缩放"（快捷键 SC）命令，把 A3 图幅放大 100 倍，以达到 1：100 的绘图环境。

2.设置图层和线型

输入快捷键 LA 执行图层设置命令，打开"图层特性管理器"对话框（见图 4-6），参照我国的建筑类标准，设置各图层以及相关特性。选择主菜单"格式"→"线型"，打开"线型管理器"对话框（见图 4-7），选择线型"ACAD – ISO04W100"和"Phantom"，设置其"全局比例因子"为 35。

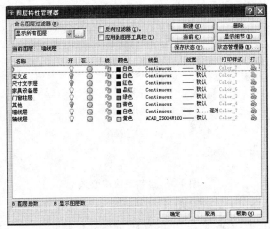

图 4-6　"图层特性管理器"对话框

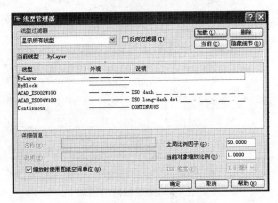

图 4-7　"线型管理器"对话框

3.设置对象捕捉

在状态栏中，右键单击"捕捉"按钮，打开"草图设置"对话框，在"对象捕捉"选项卡中勾选端点、交点等捕捉方式，单击"线宽"按钮，使其与"对象捕捉"按钮一样处于下沉执行状态。

4.设置文字比例

值得注意的是,当图形整体比例为1:100时,相应文字录入要将实际字高放大100倍;相反,当图形整体比例为100:1时,相应文字录入要将实际字高缩小为1/100。

(二)绘制定位轴网

建筑的平面设计图一般从定位轴线开始,建筑的轴网主要用于确定建筑的结构体系,是建筑定位最根本的依据,建筑施工的每一个部件都是以轴线为基准定位的,确定了轴网,也就决定了建筑的承重体系,决定了柱网、墙体的布置形式,因此轴网一般以柱网或主要墙体为基准进行布置。

(1)设置轴线层为当前图层。

(2)输入快捷键L,执行画直线命令,在视图中部绘制一条水平直线Ⓐ,输入长度为21 000,在左侧绘制一条垂直线①,高度为14 000,如图4-8所示。

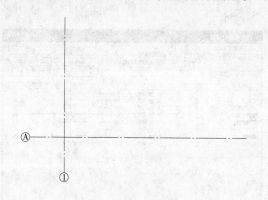

图4-8　绘制定位中心线

(3)执行"偏移"命令,以水平Ⓐ和垂直①轴线为偏移对象,分别按照已知的尺寸要求偏移出其他相关轴线Ⓑ、Ⓒ、Ⓓ、Ⓔ和②、③、④,如图4-9所示。

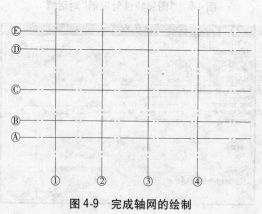

图4-9　完成轴网的绘制

(三)绘制墙柱

在门窗柱图层,执行"矩形"命令(快捷键REC),绘制240×240的矩形墙柱,如图4-10所示;执行"复制"命令(快捷键CO),捕捉矩形的几何中心点(见图4-10),并进行多重复制,分别复制到轴线各交点处,复制结果如图4-10所示。

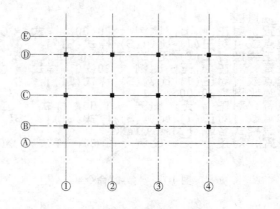

图 4-10 绘制矩形墙柱

(四) 绘制墙体

(1) 设置墙线层为当前图层。

(2) 设置墙体的多线样式:选择下拉菜单"格式"→"多线样式",打开"多线样式"对话框,如图 4-11(a) 所示;在"名称"栏中输入"QIANG",点击"添加"按钮,设置"元素特性"的上、下偏移量分别为 120.0 和 – 120.0 (见图 4-11(b)),则墙体厚度为 240 mm;设置"多线特性"的直线起点和终点的端口均匀封闭(见图 4-11(c)),最后按"确定"按钮结束墙体的"多线样式"的设置。

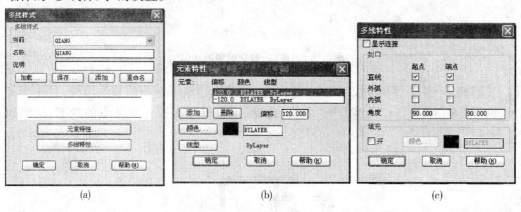

(a) (b) (c)

图 4-11 多线样式设置

(3) 绘制建筑平面图墙体轮廓线:执行菜单命令"绘图"→"多线"/或执行"多线"命令(快捷键 ML),根据命令行的提示,可以修改多线的"对正(J)"方式、"比例(S)"大小和多线"样式 ST"。建筑平面图的墙轴线应与多线的中线一致,那么在绘制墙体时,应使用"对正(J)",如图 4-12 所示。因为建筑平面图以实际尺寸绘制,所以墙体的多线"比例"应为 1.00;最后确定多线"样式"应为前面定义的 QIANG(见图 4-12)。

(4) 在使用"多线"命令绘制墙体时,可以使用捕捉轴网交点来绘制墙线,也可以用相对坐标和极坐标方法完成,本例中使用的是捕捉轴网交点的方法,完成的部分墙线的效果如图 4-13 所示。

```
命令: _mline
当前设置: 对正 = 上, 比例 = 20.00, 样式 = QIANG
指定起点或 [对正(J)/比例(S)/样式(ST)]: J
输入对正类型 [上(T)/无(Z)/下(B)] <上>: Z
当前设置: 对正 = 无, 比例 = 20.00, 样式 = QIANG
指定起点或 [对正(J)/比例(S)/样式(ST)]: S
输入多线比例 <20.00>: 1
当前设置: 对正 = 无, 比例 = 1.00, 样式 = QIANG
指定起点或 [对正(J)/比例(S)/样式(ST)]: ST
输入多线样式名或 [?]: QIANG
当前设置: 对正 = 无, 比例 = 1.00, 样式 = QIANG
```

图 4-12 "多线"命令

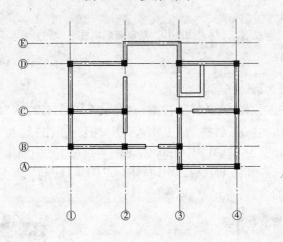

图 4-13 "多线"命令绘制的墙体

(5)使用"多线"命令,按照已知尺寸进一步完成建筑平面图的其他墙线,对于交叉处,执行菜单"修改"→"对象"→"多线"命令,编辑修改多线各交叉点的状态,结果如图 4-14 所示。

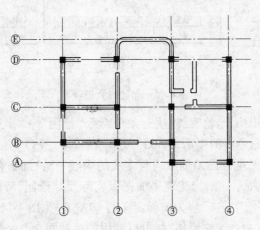

图 4-14 编辑修改多线交叉点的状态

(五)插入门窗

(1)设置门窗柱图层为当前图层。

(2)重新设置多线样式,绘制1 000×240的矩形窗户或执行"矩形"命令(快捷键 REC),并将其定义为图块,如图4-15所示。

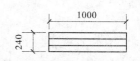

图4-15 矩形窗户 (单位:mm)

(3)执行插入图块命令(快捷键 I),插入主卧的窗户图块,其对话框如图4-16所示;主卧窗户的长度为2 400 mm,厚度为240 mm,设置长度方向(X)的缩放比例为2.4,其他方向不变,设置插入角度"0",插入主卧窗户图块 C1。用同样的方法,设置长度方向(X)的缩放比例为1.2、0.9,插入客房1、厨房和卫生间的窗户图块 C3、C4;设置长度方向(X)的缩放比例为1.8,设置插入角度"90",插入客房2的窗户 C2。最后插入结果如图4-17所示。

图4-16 按比例插入窗户图块

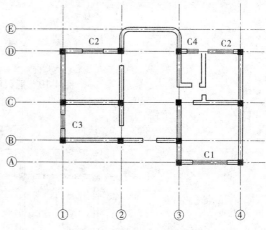

图4-17 插入窗户后的墙体

(4)执行"圆"命令(快捷键 C)以及"矩形"命令,绘制50×1 000的矩形及圆弧,得到如图4-18所示的门,也将其定义为图块,注意插入点的选取,插入的方向是逆时针为正,顺时针为负。

(5)执行插入图块命令(快捷键 I),在主卧插入门图块。在工程项目的设计中,门窗的大小应符合建筑模数,大门 M1、房门 M2 和卫生间门 M3,其宽度一般分为1 000

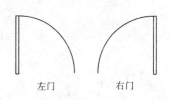

图4-18 门的样式

mm、800 mm 和700 mm。所以,设置房门的缩放比例为0.8(大门的缩放比例为1.0,卫生间门的缩放比例为0.7),注意选择插入角度,最后插入结果如图4-19所示。

(六)标注尺寸、注写文字等

(1)设置尺寸文字层为当前图层。

(2)执行书写文字命令(快捷键 T),书写客厅、阳台、主卧、厨房、卫生间等文字。要注意的是,该图是按1:1的比例绘制的,相当于将 A3 图幅放大100倍来绘制,原来在 A3 图中定义的文字明显太小,所以在书写文字时也应该放大100倍,如图4-20所示。

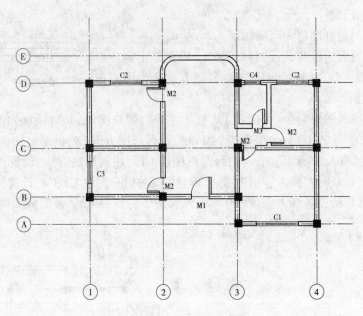

图 4-19 插入门窗后的墙体

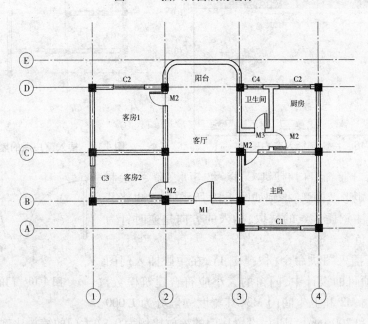

图 4-20 添加文字标识

(3)标注尺寸,如图 4-21 所示。

(七)布置家具和设备

在一般的建筑平面设计方案图中,有时还需要布置常用家具(如桌椅、床、沙发、茶几、花瓶等)和设备(如冰箱、洗衣机、电视机、洗手盆、炉具、坐便器、浴盆等)。这些图形只需按实际尺寸,用普通的 CAD 命令如"直线"、"矩形"、"圆"、"圆弧"、"偏移"、"修剪"等即

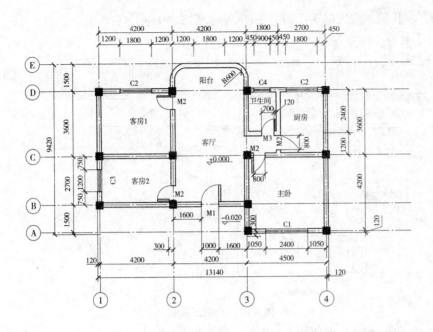

图 4-21 添加尺寸标注

可绘制完成。然后将它们制成图块并保存在专门的图库目录下,以待调用。

客厅的设备主要有沙发、电视机、地毯等。沙发可以简单地看成是由一些方块(或矩形块)构成的,绘制沙发与绘制床不同的是,要对沙发进行倒圆角处理,这要用到"倒角"命令;电视机是由一个矩形加一段圆弧组成的。

在餐厅中,应有一套饭桌,桌子可以用简单的圆形表示,凳子可以用稍加编辑的圆形或者方形表示,读者可以尝试绘制一个长矩形的饭桌。

厨房设备主要包括锅炉、洗刷盆、冰箱等家具,这些图案可以通过矩形、圆、直线及阵列操作来实现。

卫生间的主要设备是浴池和坐便器等,浴池可以由矩形框加圆弧的方式绘制,坐便器是由一个矩形框加一个椭圆通过编辑而成。

另外,市面上有一些带建筑图形素材库的光盘,可直接从光盘上调用。调用的方法可以用标准图块插入法,也可以利用设计中心(快捷键 Ctrl + 2),选择相应的家具电器等拖入到当前视图中来进行布置。

第二节　水闸总体布置图绘制

我们将表达水利工程规划、枢纽布置和水工建筑物形状、尺寸及结构的图样称为水利工程图,简称水工图,包括规划图、枢纽布置图、建筑物结构图、施工图和竣工图。相关规范可参考《水利水电工程制图标准》(SL 73—95)。

水工建筑物常用三视图表达,即平面图、立面图和侧面图。因其许多部分被土层覆盖,且内部结构也较复杂,所以剖视图、断面图应用也较多,如图 4-22 所示。当视图与水

· 127 ·

流方向有关时,顺水流方向为上游立面图,逆水流方向为下游立面图。

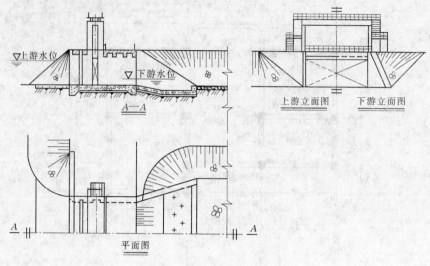

图 4-22　水闸三视图

顺水流方向观察时,左边为左岸,右边为右岸。布置水工图时,习惯上使水流方向自上向下或者自左向右,如图 4-23 所示。

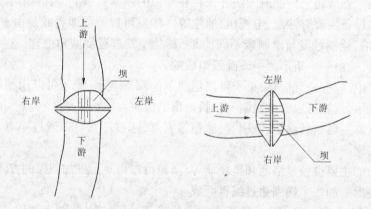

图 4-23　水利工程的布置

一、绘制要求

(一)视图名称及比例标注

水工图中各视图图名一般统一标注在图形上方,并在图名下方绘一粗横线,其长度应以图名所占长度为准。

当整张图纸中只采用一种比例时,比例应注写在标题栏中,否则应和视图名称一起按照如下形式注写:平面图 1:200 或 $\dfrac{平面图}{1:200}$。

一个视图中铅垂和水平方向采用不同比例时,应分别标注纵横比例,如图 4-24 所示。

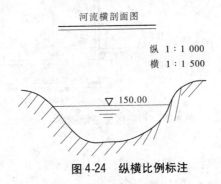

图 4-24　纵横比例标注

(二) 规定画法

1. 对称形体的省略画法

在不致引起误解时,对具有对称性的形体,可只画 1/2 或 1/4,并在对称中心线的两端画出对称符号,如图 4-25 所示。图形超出对称线时,可不画出对称符号,如图 4-25 所示。

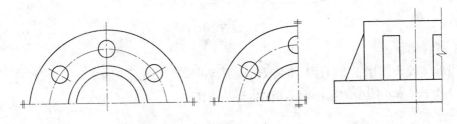

图 4-25　对称形体的省略画法示例

2. 相同要素的简化画法

当形体内有多个完全相同且按一定规律排列的结构要素时,可仅在两端或适当位置画出完整形状,其余部分以中心线或中心线交点表示,如图 4-26 所示。

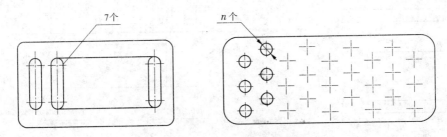

图 4-26　相同要素的简化画法示例

3. 折断线画法

当仅需表达形体某一部分的形状时,可假想将不要的部分折断,只画出需要的部分,并在折断初画出折断线。不同材料、不同形状的形体,折断线的表示方法不同,如图 4-27 所示。

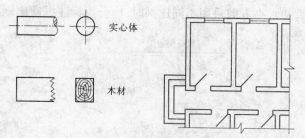

图 4-27　折断线画法示例

4. 断开画法

对于较长且沿长度方向的断面形状一致或按一定规律变化的形体,可断开后缩短绘制,断裂处用波浪线或折断线表示,但应注出全长尺寸,如图 4-28 所示。

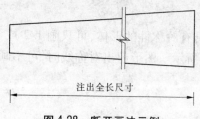

注出全长尺寸

图 4-28　断开画法示例

5. 连接画法

当形体较长,图纸空间有限,形体需全部表达时,可采用连接画法分段绘制,并标注连接符号和字母表示图形的连接关系,如图 4-29 所示。

6. 合成画法

对称或基本对称的同一物体的图形,可将两个视向相反的视图或剖视图、断面图各画对称的一半,并以对称线为界,合成一个图形,称为合成视图,如图 4-30 所示。

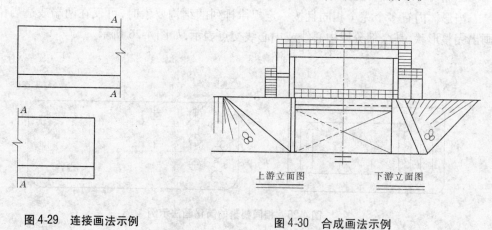

上游立面图　　　下游立面图

图 4-29　连接画法示例　　　　　　图 4-30　合成画法示例

7. 分层画法

对于多层结构,可按构造层次分层绘制,相邻层用波浪线分界,并可用文字注写各层结构的名称,如图 4-31 所示。

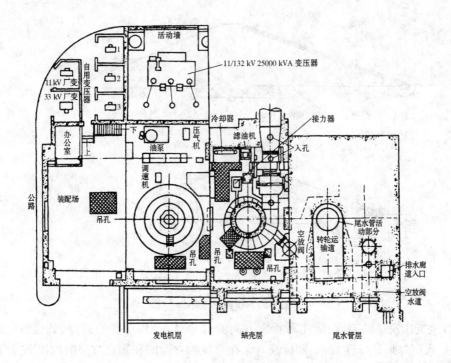

图 4-31　分层画法示例

8.曲面画法

为了增强图样的直观性,水工图中的曲面应用细实线画出若干素线,斜坡面应画出坡线,如图 4-32 所示。

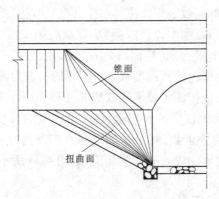

图 4-32　曲面画法示例

9.详图画法

当物体的局部结构由于图形比例较小而表示不清或不便于注写尺寸时,将这些局部结构用较大的比例画出,所得的视图即为详图,如图 4-33 所示。

(三)尺寸注法

水利工程图中的尺寸是建筑物施工的依据,水利工程制图课中所述组合体尺寸注法的要求在这里都适用。同时,还要注意以下几个方面:

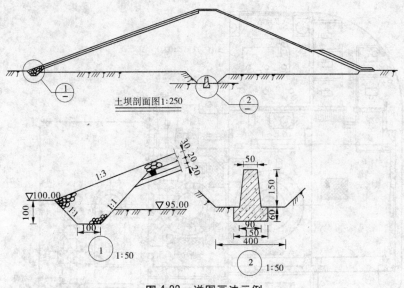

图 4-33　详图画法示例

（1）水工建筑物的高度，除注写垂直方向的尺寸外，一些重要的部位，如建筑物的顶面、底面、水位等均须标注高程，即标高。常在建筑物立面图和垂直方向的剖视图、断面图中标注。

（2）标高包括标高符号及尺寸数字两部分。标高符号一般采用等腰直角三角形，用细实线绘制，其高度约为数字高的 2/3，标高符号尖端可以向下指，也可以向上指，根据需要而定，但必须与被标注高度的轮廓线或引出线接触。水面标高（简称水位），水面线以下画三条渐短的细实线。标高数字一律注写在标高符号右边，单位以米计，注写到小数点后第三位。在枢纽总平面布置图中，可注写到小数点后第二位。零点标高注成 ±0.000，正数标高数字前一律不加"＋"号，负数标高数字前必须加注"－"号，如 －0.300。在平面图中，高程符号为在细实线框内注写高度数字。高程的基准为测量水准面，而高度尺寸可采用主要设计高程为基准，或按施工要求选取基准，仍采用标注高度的方法标注。

（3）对于坝、隧洞、渠道等较长的水工建筑物，沿轴线的长度方向一般采用的桩号注法，标注形式为 $K \pm M$，K 为公里数，M 为米数。起点桩号为 $0 + 000$，起点桩号之前注成 $K - M$，为负值，起点桩号之后注成 $K + M$，为正值，如图 4-34 所示。

二、实例解析

AutoCAD 绘图可以用以下两种方法。

第一种方法是先按 1:1 的比例绘图，也就是按实物大小绘制图形（但需将图框、标题栏及相应标注放大合适的倍数），在打印出图时再按一定比例缩放在相应幅面的图纸上。此法的好处是在绘图时不必考虑绘图比例，也无须换算绘图尺寸。其步骤如下：

（1）设置绘图环境。

（2）按 1:1 的比例绘制图形。

（3）插入或绘制图框和标题栏，填写标题栏。

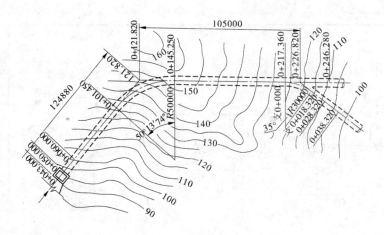

图 4-34　桩号注法示例

（4）标注。

（5）检查校核、修饰，完成绘图。

（6）设置比例，打印出图。

第二种方法是按事先确定的比例直接绘制在相应幅面的图纸上，也就是说，此法与手工绘图的方法相似，通过比例缩放直接绘制在图纸上。这样绘图比较直观，但它所绘制的图形在标注尺寸时和实际尺寸不一致，需要在"标注样式"设置时对测量单位的"比例因子"进行设置。按实际比例的倒数进行设置，这样就能得到与实际尺寸相一致的尺寸标注。其步骤如下：

（1）设置绘图环境。

（2）按 1∶1 的比例绘制图形，按实际使用的比例进行缩放。

（3）插入或绘制图框和标题栏，填写标题栏。

（4）标注。

（5）检查校核、修饰，完成绘图。

（6）打印出图。

选择哪一种方法绘图，可根据实际需要或绘图习惯来确定，不须一致。

（一）绘制进水闸设计图

按 1∶100 的比例在 A2 图幅中绘制进水闸设计图，如图 4-35 所示。

本例采用第二种方法，即直接用 1∶100 的比例绘制进水闸设计图。

1．水闸简介

水闸是修建在天然河道或灌溉渠系上的建筑物，具有控制水位和调节流量的作用，一般由上游连接段、闸室段、下游连接段三部分组成。

1）上游连接段（本例无）

上游连接段一般包括上游齿墙、铺盖、两岸的翼墙和护坡等，其作用是引导水流平顺地进入闸室，防止水流冲刷河岸及河床，并降低渗透水流在闸底及两侧对水闸的影响。翼

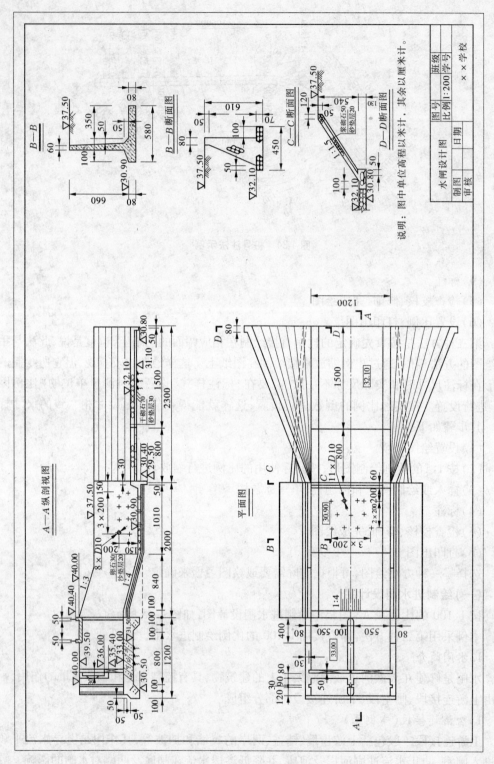

图 4-35 进水闸设计图

墙的作用主要是形成良好的收缩,引导水流平顺进闸,并起挡土、防冲和侧向防渗的作用,其结构形式一般与挡土墙相同。

2)闸室段

闸室是水闸的主体,由底板、闸墩、边墩(或称岸墙)、闸门、交通桥、排架及工作桥等组成,其作用是控制水位和调节流量。底板是水闸闸室的基础,承受闸室全部荷载,并适当均匀地传给地基。闸墩的作用是分隔闸孔、支承闸门和桥梁等。材料为钢筋混凝土。底板前后端设坎,双闸门槽。

3)下游连接段

(1)消力池:作用是消除水流能量,防止冲刷。消力池底板和侧墙上设置有排水孔。底板和侧墙的材料为钢筋混凝土。

(2)海漫段扭面:位于出口与渠道之间,起继续消能作用。

海漫段采用扭面翼墙,其作用是使水流由矩形断面平稳地过渡到梯形断面的输水渠道,扭面翼墙材料为浆砌石。

2.分析设计图

绘图前要认真阅读设计图。

1)平面图

平面图表达了水闸各组成部分的平面布置、形状和大小。水闸前后对称。闸室段工作桥、交通桥和闸门采用了拆卸画法,冒(排)水孔的分布情况采用了简化画法,海漫段扭面翼墙采用了掀土画法。在平面图上标注了剖切符号。

2)主视图

A—A 纵剖视图是用剖切平面沿水闸轴线方向经过闸孔剖切得到。它表达了闸室底板、消力池、海漫等部分的断面形状、尺寸、材料、各段的长度及连接情况,从图中可以看到门槽位置、排水孔处粗砂垫层的情况及各部分的高程。

3)断面图

采用了三个断面图,B—B、C—C、D—D 断面图分别表达消力池和海漫段不同位置的下游翼墙的断面形状、尺寸和材料。

3.建立绘图环境

(1)设置单位与精度。

(2)设置图层(仅供参考)。

图层名	颜色	线型	线宽	用途
粗实线	白色	实线(continuous)	0.5 mm	可见轮廓线、缝线
细实线	绿色	实线(continuous)	0.18 mm	素线、示坡线等
虚线	黄色	虚线(Dashed)	0.25 mm	不可见轮廓线
点画线	红色	点画线(Center)	0.18 mm	轴线、对称线
尺寸线	品红色	实线(continuous)	0.18 mm	尺寸、标高等
文字	青色	实线(continuous)	0.18 mm	注写文字
剖面线	30	实线(continuous)	0.18 mm	填充材料图例

线型比例因子为0.4。

（3）设置文字样式（仅供参考）。

样式名	字体名	宽度比例
汉字	T仿宋 – GB 2312	0.7
数字与字母	gbeitc. shx，gbcbig. shx	0.7

（4）设置标注样式。

标注样式名:200。

设置如下:尺寸基线间距7 mm,超出尺寸线2 mm,起点偏移量3 mm,固定长度的延伸线10 mm,采用实心闭合箭头,大小3 mm,尺寸数字高3.5 mm,文字样式为"数字与字母",测量单位比例因子为20（因图中说明尺寸单位以厘米计,则测量单位比例因子不是200,而是20）。

4.绘制进水闸设计图

1）绘制水闸平面图

因平面图前后对称,图形可只画后面（或前面）一半,另一半通过镜像得到。

绘图时,应根据图中所给的实际尺寸,按1:1的比例绘图。

将点画线图层置为当前,用"直线"命令绘制图中对称线。

将粗实线图层置为当前,用"直线"、"偏移"、"修剪"等绘图和编辑命令,以闸室底板左后方角点为起画点绘制图中所有的可见轮廓线,如图4-36所示。

将虚线图层置为当前,用"直线"命令绘制图中虚线（注意图中点 M 和 N 处应留空隙,因虚线是粗实线的延长线）,如图4-36所示。

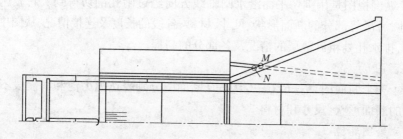

图4-36 绘制水闸平面图

将细实线图层置为当前,绘制海漫段扭面的素线（素线呈放射状）。首先用"点"——"定数等分"命令将12和34两条边等分（等分数目视具体情况而定,这里12 三等分,34 七等分）,再用"直线"命令绘制扭面的素线,如图4-37所示。

用"细实线"层绘制示坡线（示坡线为长短相间、相互平行的细实线,且短线为长线的1/2 或1/3,一般为奇数条,以长线开始,以长线结束）,用"直线"、"偏移"、"修剪"等绘图和编辑命令绘制图中的示坡线,如图4-38所示。

用细实线图层绘制消力池底板上的排水孔（排水孔呈梅花状分布,直径很小,因此采用简化画法,用细实线代替点画线作圆的中心线）,用"直线"、"偏移"等绘图和编辑命令绘制图中圆的中心线,如图4-38所示。

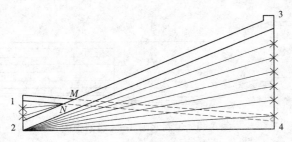

图 4-37　绘制扭面的素线

将粗实线图层置为当前,用"圆"命令绘制一个小圆(由于排水孔是有规律分布的,只需画出其中的一个圆孔),如图 4-38 所示。

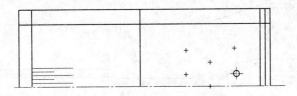

图 4-38　绘制示坡线和小圆孔

用细实线图层绘制闸门。

用"镜像"命令画出对称的另一半图形,如图 4-39 所示。

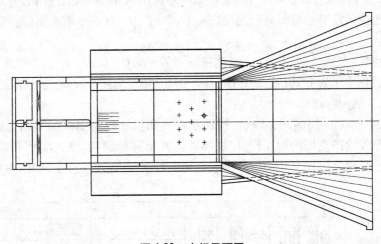

图 4-39　水闸平面图

2)绘制水闸 *A—A* 纵剖视图

水闸 *A—A* 纵剖视图与水闸平面图要遵守"长对正"的投影规律。

将粗实线图层置为当前,用"直线"、"偏移"、"修剪"等绘图和编辑命令,以闸室底板左下方角点为起画点绘制图中所有的可见轮廓线,如图 4-40 所示。

将虚线图层置为当前,用"直线"命令绘制图中虚线,如图 4-41 所示。

将细实线图层置为当前,绘制图中扭面的素线、闸墩上游和下游端部半圆柱面的素线(靠近轮廓线稠密,靠近轴线稀疏)、消力池边墙上的排水孔中心线等,如图 4-41 所示。

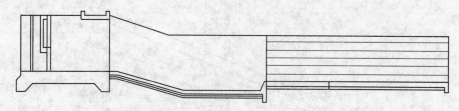

图 4-40 绘制水闸 *A—A* 纵剖视图

将粗实线图层置为当前,绘制图中消力池边墙上的排水孔,用"圆"命令绘制一个小圆,如图 4-41 所示。

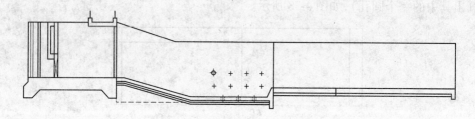

图 4-41 水闸 *A—A* 纵剖视图

3)绘制水闸断面图

根据图中实际尺寸,按 1∶1 的比例,在水闸平面图和 *A—A* 纵剖视图的右方,用所需的图层,合理地使用绘图与编辑命令,绘制 *B—B*、*C—C*、*D—D* 三个断面图(过程略)。

4)缩放

将所绘制的水闸平面图、*A—A* 纵剖视图和 *B—B*、*C—C*、*D—D* 三个断面图共同缩小 20 倍,缩放比例因子为 1/20(或 0.05)。因图中尺寸单位为厘米(cm),故只需缩小 20 倍。

5.绘制图框和标题栏

(1)绘制 A2 幅面线(420×594),按图示格式和尺寸绘制图框(留装订边格式)和标题栏(此为学校绘图使用的标题栏,仅供参考),并填写标题栏,将"文字"图层置为当前,文字样式采用"汉字",图名用 10 号字,校名用 7 号字,其他用 5 号字,如图 4-42 所示。

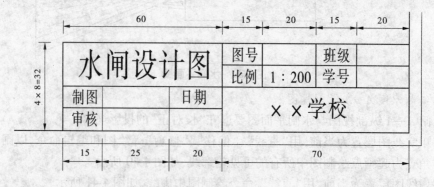

图 4-42 学校用标题栏

（2）将所绘制的水闸平面图、A—A 纵剖视图和 B—B、C—C、D—D 三个断面图均匀地布置在 A2 图幅内,如图 4-35 所示。

6. 绘制材料图例

图中材料图例较多,其中"钢筋混凝土"图例可分别采用"金属"和"混凝土"进行两次叠加填充,需注意闸室底板、胸墙、交通桥等各处图例的缩放比例是不同的,应分别进行填充,以便于修改。

将剖面线图层置为当前,点击"图案填充"按钮 ,绘制"钢筋混凝土"图例。选择"钢筋"(ANSI31)图案,填充比例在"0.75 ~ 1"选择;选择"混凝土"(AR – CONC)图案,填充比例在"0.04 ~ 0.1"选择。

图中其他材料图例如"自然土壤"、"夯实土壤"、"干砌块石"和"浆砌块石",AutoCAD 没有提供可选用的图例,可将相应图例创建为图块进行插入,插入时注意调整比例及转角,也可直接绘制后进行复制,如图 4-43 所示。

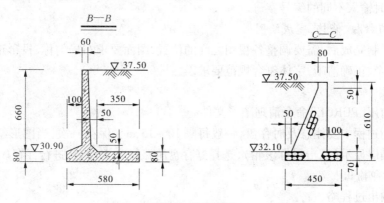

图 4-43　图案填充

7. 标注

1)标注尺寸

分别将尺寸线图层和标注样式"200"置为当前,根据图中尺寸,用尺寸标注相关命令标注图中尺寸,注意尺寸标注要完整、清晰和准确。标注中如遇尺寸数字位置不合适,需用相应的尺寸标注修改命令进行修改和调整(过程略)。

图中小尺寸较多,有时在尺寸线间无法绘制箭头,需要用小黑圆点代替箭头。此时可用标注样式"200"作为基础样式,对箭头进行修改。另外,设置名为"连续小尺寸 200 – 1"(修改"箭头"中"第二项"为"小点")、"连续小尺寸 200 – 2"(修改"箭头"中"第一项"和"第二项"均为"小点")的标注样式,进行标注,如图 4-44 所示。

2)标注高程

将尺寸线图层置为当前,标注高程。可将标高符号创建为属性图块进行插入,插入时输入不同的标高数值,也可画出标高符号后进行复制,然后修改标高数值,如图 4-35 所示。

3)文字注写

将文字图层置为当前,注写图中文字。文字样式采用"汉字",各视图图名用 7 号字

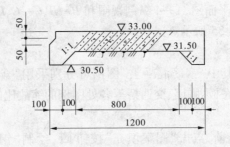

图 4-44 连续小尺寸标注

注写,其他用 5 号字注写,如图 4-35 所示。

4)标注剖切符号

将粗实线图层置为当前,绘制相应的剖切符号;也可将剖切符号创建为属性图块进行插入,插入时输入不同的编号字母。

8. 检查校核、修饰,完成绘图

图形绘制完成后,需要调整各视图之间的位置,图面要求布局匀称、投影正确、主次分明;尺寸齐全、正确清晰,字体符合规范要求。

9. 存盘

存盘前用"PURGE"命令清理图形文件。

在绘图过程中要注意及时存盘,一般每隔 10 ~ 15 min 保存一次,当图形绘制完成后,要将图形满屏显示(双击鼠标滚轮),选择好存盘的路径和文件名,进行保存。

10. 打印输出

打印输出过程略。

(二)绘制重力坝溢流坝面断面图

按 1:100 的比例在 A3 图幅中绘制重力坝溢流坝面断面图,如图 4-45 所示。

1. 建立绘图环境

步骤同上例。

2. 分析

该重力坝溢流坝面断面图中,主要轮廓线为直线,溢流坝面为曲线,其中有圆弧,也有非圆曲线,这里主要解决曲线的绘制问题。

3. 绘图步骤

(1)绘制溢流坝面非圆曲线。

①首先绘制溢流堰顶坐标系,然后建立用户坐标系(注意 Y 轴的正方向向下),新建坐标原点为堰顶非圆曲线的起点,如图 4-46 所示。

②将堰顶非圆曲线的坐标值按图 4-47 所示的格式写入 Excel 电子表格的 A 列和 B 列中,A 列为堰顶非圆曲线的 X 值,B 列为堰顶非圆曲线的 Y 值。

③在 C1 单元格中输入" = A1&","& – B1"的式样,C1 单元格的坐标格式即改变为"0,0"。将 C1 单元格的式样复制并粘贴到对应的 C 列,回车后在 C 列中得到新的 AutoCAD 系统可识别的坐标格式。

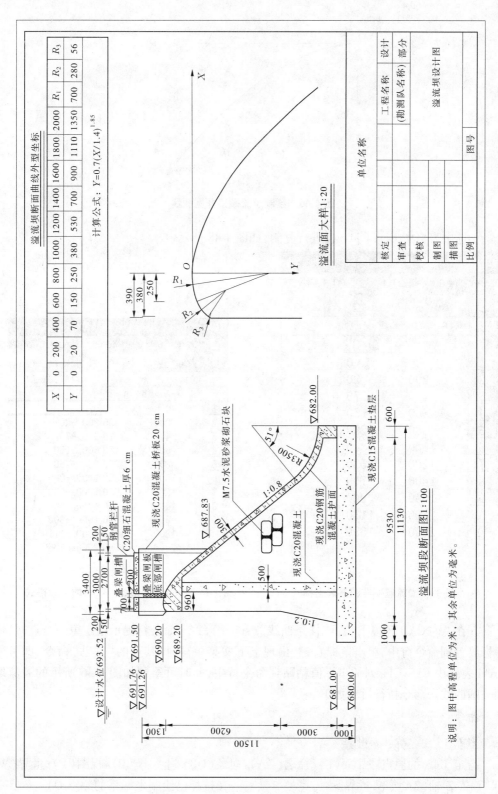

溢流坝断面曲线外型坐标

X	0	200	400	600	800	1000	1200	1400	1600	1800	2000	R_1	R_2	R_3
Y	0	20	70	150	250	380	530	700	900	1110	1350	700	280	56

计算公式：$Y = 0.7(X/1.4)^{1.85}$

溢流面大样1:20

		工程名称	设计
		(勘测队名称)	部分
单位名称			溢流坝设计图
	核定		
	审查	校图	
	校核	描图	图号
	比例		

溢流坝段断面图1:100

说明：图中高程单位为米，其余单位为毫米。

图 4-45 重力坝溢流坝面断面图

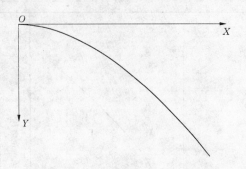

O X

Y

图 4-46   绘制溢流堰顶非圆曲线

④选中表格中 C1～C11 列,进行复制,如图 4-48 所示。

Microsoft Excel - 曲线坐标.xls			
文件(F) 编辑(E) 视图(V) 插入(I)			
B16		f_x	
	A	B	C
1	0	0	
2	200	20	
3	400	70	
4	600	150	
5	800	250	
6	1000	380	
7	1200	530	
8	1400	700	
9	1600	900	
10	1800	1110	
11	2000	1350	
12			

Microsoft Excel - 曲线坐标1.xls			
文件(F) 编辑(E) 视图(V) 插入(I) 格式(O)			
C1		f_x =A1&", "&-B1	
	A	B	C
1	0	0	0, 0
2	200	20	200, -20
3	400	70	400, -70
4	600	150	600, -150
5	800	250	800, -250
6	1000	380	1000, -380
7	1200	530	1200, -530
8	1400	700	1400, -700
9	1600	900	1600, -900
10	1800	1110	1800, -1110
11	2000	1350	2000, -1350

图 4-47   溢流堰顶非圆曲线坐标   图 4-48   AutoCAD 系统可识别的坐标格式

⑤在 AutoCAD 环境下执行"样条曲线"(spline)命令,命令行提示指定第一个点时,将鼠标放置到命令行中,单击鼠标右键,出现上下文菜单,选择其上的"粘贴"命令,即可将 Excel 表格中 C1～C11 列的坐标值粘贴到命令行中,此时可绘制如图 4-46 所示的溢流堰顶非圆曲线。命令执行过程如下:

命令:_ ucs

当前 UCS 名称:＊世界＊

指定 UCS 的原点或［面(F)/命名(NA)/对象(OB)/上一个(P)/视图(V)/世界(W)/X/Y/Z/Z 轴(ZA)］＜世界＞:   (选择已绘制坐标系的原点 O)

指定 X 轴上的点或 ＜接受＞:   (选择已绘制坐标系上 X 轴的正方向)

· 142 ·

指定 XY 平面上的点或 ＜接受＞：↙

命令：_spline

指定第一个点或［对象(O)］：0,0　　　　　　（粘贴坐标值）

指定下一点：200，－20

指定下一点或［闭合(C)/拟合公差(F)］＜起点切向＞：400，－70

指定下一点或［闭合(C)/拟合公差(F)］＜起点切向＞：600，－150

指定下一点或［闭合(C)/拟合公差(F)］＜起点切向＞：800，－250

指定下一点或［闭合(C)/拟合公差(F)］＜起点切向＞：1 000，－380

指定下一点或［闭合(C)/拟合公差(F)］＜起点切向＞：1 200，－530

指定下一点或［闭合(C)/拟合公差(F)］＜起点切向＞：1 400，－700

指定下一点或［闭合(C)/拟合公差(F)］＜起点切向＞：1 600－900

指定下一点或［闭合(C)/拟合公差(F)］＜起点切向＞：1 800，－1 110

指定下一点或［闭合(C)/拟合公差(F)］＜起点切向＞：2 000，－1 350

指定下一点或［闭合(C)/拟合公差(F)］＜起点切向＞：↙

指定起点切向：↙

指定端点切向：↙

（2）绘制溢流坝面各段圆弧。

根据圆弧的半径和相关尺寸用"圆弧"命令绘制 $R_1 \sim R_3$ 三段圆弧，如图 4-49 所示。

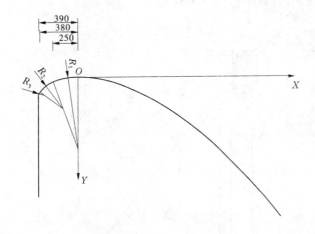

图 4-49　绘制溢流坝面各段圆弧

（3）绘制溢流坝下游 1:0.8 的直线段。

在溢流堰顶非圆曲线的末端绘制一个直角三角形（竖直方向长度为 1，水平方向长度为 0.8），其斜边即为 1:0.8 的直线（也可在任意位置绘制 1:0.8 的直线，然后移动或偏移到该处），将其斜边向下延伸至高程 682.00 m 处。

（4）绘制反弧段。

反弧段半径为 3 500，需根据相关尺寸先确定反弧段的最低点 A，然后作两条辅助线确定反弧段的圆心，一条是将 1:0.8 的直线向右上方偏移 3 500，另一条是以 A 点为圆心作一半径为 3 500 的辅助圆,直线和圆的交点 M 即为反弧段的圆心,过 M 点向 1:0.8 的直线作垂线,得垂足点 N,N 点即为反弧段的起点,可采用"起点 N、圆心 M、端点 A"方式绘制反弧段(也可以 M 点为圆心绘制一半径为 3 500 的圆,然后进行修剪),如图 4-50 所示。

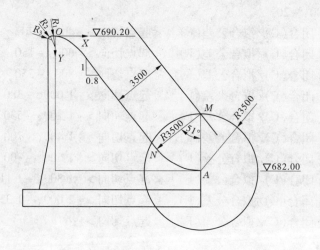

图 4-50 绘制反弧段

(5)绘制其他轮廓线(过程略)。

(6)填充材料图例(过程略),如图 4-51 所示。

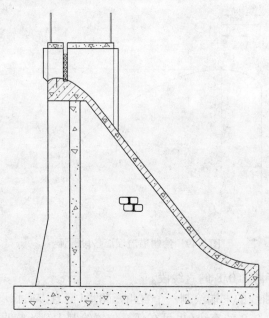

图 4-51 绘制溢流坝面断面图

(7)绘制表格(过程略)。

(8)标注尺寸、标高和文字(过程略)。

其他步骤同上例。

第三节　桥梁总体布置图绘制

桥梁总体布置图是表达桥梁上部结构、下部结构和附属结构三部分组成情况的总图。它主要表明桥梁的形式、跨径、孔数、总体尺寸、各主要构件的相互位置关系、桥梁各部分的标高、材料数量以及有关的说明等,作为施工时确定墩台位置、安装构件和控制标高的依据。桥梁总体布置图包括桥梁的立面图、平面图和横剖面图以及构件详图。

一、绘制内容

(1)选定图名、比例。

(2)中心定位线:立面图的定位线为各桥墩的对称线,平面图的定位线为桥面路线中心线,横剖面图的定位线为两个半剖面的分界线。各投影图之间的定位线一定要符合投影关系。

(3)立面图:包括地形线、桥墩、桥台、基础。

(4)平面图:包括桥面宽度、桥台平面投影以及桥梁平面线形。

(5)典型横断面图:取 1～2 个典型横断面图,主要确定桥面宽度、主体结构的构造。

(6)标注出平面图中应标注的尺寸和标高,以及某些坡度及其编号,表示房屋朝向的指北针。

(7)文字说明:说明尺寸单位、设计标准、构造特点、地基要求等。

二、绘制要求

(一)图幅及图框

图幅表示设计图纸幅面的大小。根据《公路工程制图标准》(GB 50162—92)的规定,图幅及图框尺寸应符合表 4-1 的规定,图幅格式见图 4-52。

表 4-1　图幅及图框尺寸　　　　　　　　　　　　　　　(单位:mm)

尺寸代号	图幅代号				
	A0	A1	A2	A3	A4
$b \times l$	841 × 1 189	594 × 841	420 × 594	297 × 420	210 × 297
a	35	35	35	30	25
c	10	10	10	10	10

桥梁设计中常常会遇到结构尺寸偏长、超出标准幅面的情况,此时可以加大图幅长边的长度,但短边不得加长,图幅 A0、A2、A4 应为 150 mm 的整数倍,图幅 A1、A3 应为 210 mm 的整数倍。

(二)图标及会签栏

图标应布置在图框内右下角(见图 4-52)。图标的外框线线宽宜为 0.7 mm,图标内分格线线宽宜为 0.25 mm。根据设计单位的习惯或规定,可采用图 4-53 所示中的任一种。

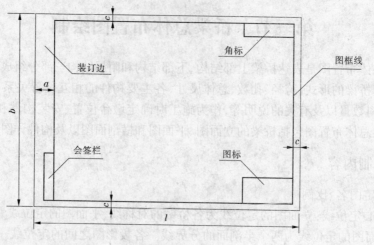

图4-52　图幅格式

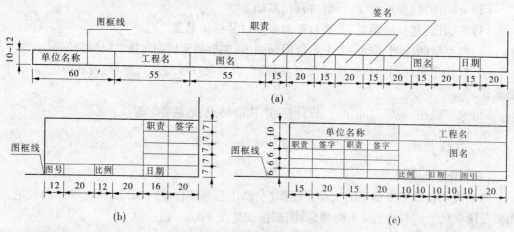

图4-53　图标　（单位:mm）

会签栏宜布置在图框外左下角(见图4-52),并按图4-52所示绘制,会签栏外框线线宽宜为0.5 mm,内分隔线线宽宜为0.25 mm,具体如图4-54所示。

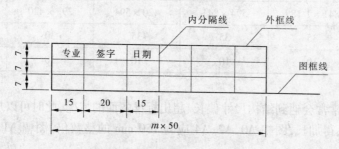

图4-54　会签栏　（单位:mm）

当图纸需要绘制角标时,应布置在图框内的右上角,角标线宽宜为0.25 mm(见图4-55)。

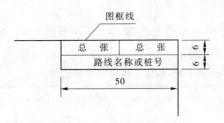

图 4-55　角标　（单位：mm）

（三）字体

图纸中的汉字应采用长仿宋体，字的高、宽尺寸可按表 4-2 的规定采用。当采用打印机打印汉字时，宜选用仿宋体或高宽比为 $\sqrt{2}$ 的字形。

表 4-2　长仿宋体汉字的高、宽比尺寸　（单位：mm）

字高	20	14	10	7	5	3.5	2.5
字宽	14	10	7	5	3.5	2.5	1.8

当图纸需要缩小复制时，图幅 A0、A1、A2、A3、A4 中汉字字高分别不应小于 10 mm、7.5 mm 和 3.5 mm。

图册封面、大标题等的字体宜采用仿宋体等易于辨认的字体。字体应采用国家公布使用的简化汉字，除特殊要求外，不得采用繁字体。

图纸中的阿拉伯数字、外文字母、汉语拼音字母笔划宽度宜为字高的 1/10。大写字母的高度宜为字高的 2/3，小写字母的高度应以 b、f、h、p、g 为准，字宽宜为字高的 1/2。a、m、n、o、e 的字宽宜为上述小写字母高度的 2/3。

图纸中的说明宜布置在每张图的右下角、图标上方加以叙述。该部分文字应采用"注"标明，字样"注"应写在叙述事项的左上角，每条注的结尾应标以句号"。"。当需要划分层次说明时，第一、二、三层次的编号应分别用阿拉伯数字、带括号的阿拉伯数字、带圆圈的阿拉伯数字标注。

（四）图线

图线的宽度（b）应从 2.0 mm、1.4 mm、1.0 mm、0.7 mm、0.5 mm、0.35 mm、0.28 mm、0.18 mm、0.13 mm 中选取，且每张图纸上的图线线宽不宜超过 3 种。基本线宽（b）应根据图样比例和复杂程度确定。线宽组合宜符合表 4-3 的规定。

表 4-3　线宽组合　（单位：mm）

线宽类别	线宽系列				
b	1.4	1.0	0.7	0.5	0.35
$0.5b$	0.7	0.5	0.35	0.25	0.25
$0.25b$	0.35	0.25	0.18（0.2）	0.13（0.15）	0.13（0.15）

（五）比例

绘图的比例，应为图形线性尺寸与相应实物实际尺寸之比，比例大小即为比值大小，如 1:50 大于 1:100。

绘图比例的选择,应根据图面布置合理、匀称、美观的原则,按图形大小及图面复杂程度确定。常用的比例如表 4-4 所示。

表 4-4　桥梁工程制图中常用的比例

绘图内容	比例				
平面图	1:2 000	1:1 000	1:500	1:200	1:100
总体布置图	1:2 000	1:1 000	1:500	1:200	1:100
构造图	1:100	1:50	1:25	1:20	1:10
大样图	1:10	1:5	1:2	1:1	2:1,10:1

此外,也可根据图幅大小,选择其他的比例,如 1:250、1:40 等。

在用 AutoCAD 绘制图形时,可以先按 1:1 的比例绘制,然后按拟定的比例进行缩放。另外一种方法是直接根据比例绘制。此时需要做图形单位的换算,即按结构实际尺寸换算成制图尺寸。

(1)实际结构尺寸以米为单位。

一般换算公式为:制图尺寸(图形单位) = 实际结构尺寸(m) $\times \dfrac{1\,000}{比例}$。如某构件长 5 m,按 1:500 绘制,则制图尺寸为 $5(m) \times \dfrac{1\,000}{500} = 10$(图形单位),即在 AutoCAD 中量取 10 个单位的长度。

(2)实际结构尺寸以厘米为单位。

桥梁工程中,除总体布置中以米为单位外,绝大多数采用厘米为单位。一种方法是先将厘米换算为米,可按上一种方法制图。如某构件长 500 cm,按 1:100 绘制,先将 500 cm 换算成 5 m,再按 $5(m) \times \dfrac{1\,000}{100} = 50$(图形单位)。另外一种方法是换算,根据比例的定义,1:100 表示 1 cm 代表 1 m,也可表示为 10 mm 代表 100 cm,因此 500 cm 长的构件换算成制图尺寸为 $500 \times \dfrac{10}{100} = 50$,即在 AutoCAD 中量取 10 个单位的长度。其一般换算公式为:制图尺寸(图形单位) = 实际结构尺寸(cm) $\times \dfrac{10}{比例}$。

比例应采用阿拉伯数字表示,宜标注在视图图名的右侧或下方,字高可为视图名字高的 0.7 倍(见图 4-56)。当同一张图纸中的比例完全相同时,可在图标中注明,也可在图纸中的适当位置采用标尺标注。

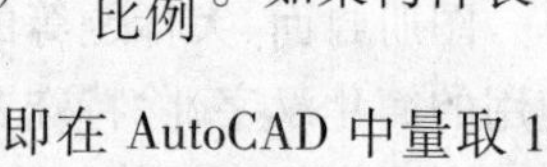

$$\frac{A-A}{1:10} \qquad \frac{1-1}{}{}_{1:10}$$

图 4-56　比例的标注

三、实例解析

按 1:100 的比例在 A3 图幅中绘制某桥梁总体布置图,如图 4-57 所示。

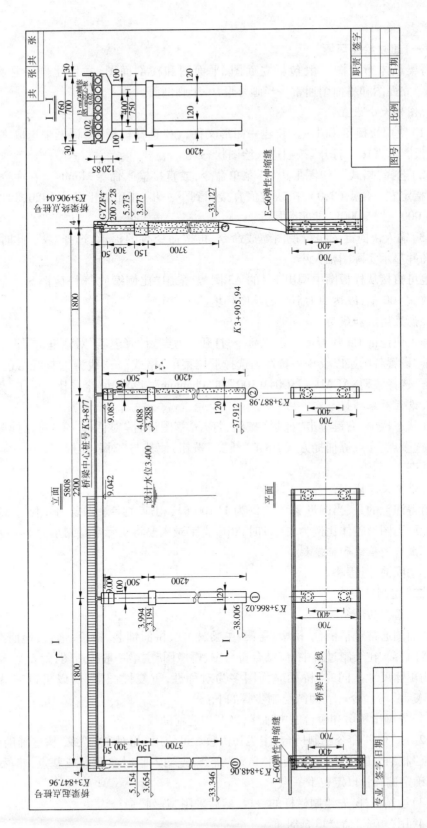

图 4-57 桥梁总体布置图

（一）建立绘图环境

桥梁总体布置图一般包括立面图、平面图和横剖面图,常用比例通常为 1∶50 ~ 1∶500。立面图和平面图通常一半画外形,一半画剖面。

1. 图幅大小设置

(1)使用快捷键 Ctrl + N 新建一图形文件,在"选择模板"对话框中选取之前完成的 A3 样板图幅,单击"打开"按钮进入绘图状态。

(2)选择"格式"→"图形边界"菜单命令,或直接输入命令"limits",在命令行中根据提示,指定左下角点(0,0),按缺省值直接回到下一步;指定右上角点(420,297),此时输入"23 000"、"15 000",即实际尺寸。

(3)输入快捷键 Z 执行视图缩放命令,再按命令行的提示,选择"A",此时将重新调整视图并显示实际图幅大小。

也可直接从样板图中调出 1∶1 的 A3 图幅,采用"比例缩放"(快捷键 SC)命令,把 A3 图幅放大 100 倍,以达到 1∶100 的绘图环境。

2. 设置图层和线型

输入快捷键 LA 执行图层设置命令,打开"图层特性管理器"对话框,参照我国的建筑类标准,设置各图层以及相关特性。选择下拉菜单"格式"→"线型",打开"线型管理器"对话框,选择线型"ACAD – ISO04W100"和"Phantom",设置其"全局比例因子"为 35。

3. 设置对象捕捉

在状态栏中,右键单击"捕捉"按钮,打开"草图设置"对话框,在"对象捕捉"选项卡中,勾选端点、交点等捕捉方式,单击"线宽"按钮,使其与"对象捕捉"按钮一样处于下沉执行状态。

4. 设置文字比例

值得注意的是,当图形整体比例为 1∶100 时,相应文字录入要将实际字高放大 100 倍;相反,当图形整体比例为 100∶1 时,相应文字录入要将实际字高缩小为 1/100。

5. 画好图框线和标题栏

方法同前,过程略。

（二）绘制过程

1. 立面图的绘制

立面图通常包括桥台、桥墩、盖梁、主梁、栏杆、桥面铺装、搭板、锥坡、地面线、地质剖面图等内容。在绘制过程中,应结合桥台图、桥墩图、主梁一般构造图、附属结构图等来确定结构集体尺寸。同时,桥梁立面图多为对称性、重复性图形,所以可以充分利用"镜像"、"复制"等命令。立面图绘制步骤如下:

(1)先画出桥墩和桥台的中轴线,以及构造辅助线。

(2)用"line"命令绘制桥台、主梁和桥墩。可使用"相对坐标"或"构造辅助线"和"捕捉对象"相结合的方法,也可使用"from"命令,先输入临时参照点或基点,然后直接输入距离,确定偏移量以定位下一点。

(3)绘制栏杆:先绘制栏杆的一根,然后采用"阵列"命令。

(4)用"填充"命令填充剖面。

（5）绘制地面线。地面线绘制的常规方法是利用"line"或"pline"命令，根据绘图比例，逐个计算每个点的坐标，再将其连接起来，也可以利用河床断面地形线自动生成程序 DMX，先将河床断面数据用文本文档编辑，如 edit、记事本等编辑命令，文件保存格式为"文件名.dat"。其输入格式如下：

N, Scale

'起始桩号'

$X(1)$, level1(1), level2(1)

$X(2)$, level1(2), level2(2)

$\vdots$

$X(N)$, level1(N), level2(N)

这里：N 为桩号点数，Scale 为绘图比例，系统中提供了 1:100、1:200、1:500、1:1 000 和 1:2 000 等 5 种比例。$X(N)$, level1(N), level2(N) 分别为第 i 个桩号点的里程、地面标高和设计标高。

以下为某桥的河床断面图，共 7 个点，起始桩号为'$K31$'，绘图比例为 1:500。

7,500

'$K31$'

230,657.84,657.44

240,654.49,657.64

249.16,646.46,657.82

265,645.07,658.14

275,645.38,658.34

290,655.47,658.64

310,664.42,659.04

将上述数据输入到文本文件中，然后执行 DMX 程序，系统会自动生成"文件名.DXF"。该文件也是一个文本文档，用户可以查看其信息。

然后在 AutoCAD 中用"Dxfin"命令，即可转化为图形文件（DWG 格式）。转化的 AutoCAD 文件如图 4-58 所示。

2. 平面图的绘制

平面图通常包括桥面系、盖梁、支座、桥台、桥墩、道路边坡等在平面上的投影图，采用半平面、半剖面的方式。

（1）绘制全桥的中轴线和构造辅助线。

（2）半平面图只反映桥面情况，用"直线"命令绘制。

（3）墩台平面绘制，用"直线"命令和"圆"命令绘制。

3. 横断面剖面图 Ⅰ—Ⅰ 的绘制

（1）绘制桥墩基础、墩柱、盖梁及墩柱的中轴线，以及构造辅助线。

（2）桥墩、桥台用"创建块"命令定义名为桥墩、桥台的块，为后面的绘制提供方便。

（3）绘制边梁、中梁，注意与立面图对应。

（4）用"直线"命令绘制栏杆和桥面，并对桥面绘制剖面线。

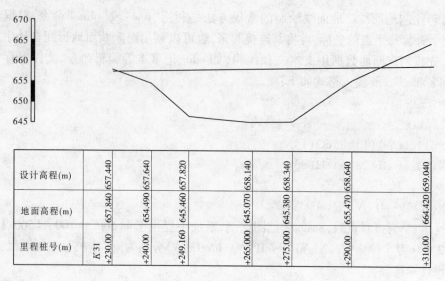

设计高程(m)	657.440	657.640	657.820	658.140	658.340	658.640	659.040
地面高程(m)	657.840	654.490	645.460	645.070	645.380	655.470	664.420
里程桩号(m)	K31 +230.00	+240.00	+249.160	+265.000	+275.000	+290.00	+310.00

图 4-58　某桥河床断面图

4. 标注

先设置好"标注样式",在其中选择需要的样式,在标注图层内进行标注。在标注时注意使用"连续标注"、"基线标注"、"标注更新"和"编辑标注文字"。

5. 文字输入

从设置好的"文字样式"中选择需要的"样式",用"Mtext"命令输入即可,文字的大小设置参见前面的说明。

思考题

1. 建筑工程图中,哪些线条用粗实线表示? 哪些线条用细实线表示? 哪些线条用中实线表示? 哪些线条用细单点长画线表示?

2. 建筑工程图中,粉刷层如何表示?

3. 建筑工程图中,墙体线如何绘制?

4. 建筑工程图中,如何快速绘制门、窗体、柱?

5. 水利工程图中,如何分辨左岸、右岸? 何为上游立面图,何为下游立面图?

6. 水利工程图中,标高、桩号如何表示?

7. 水利工程图中,对于较长且沿长度方向的断面形状一致或按一定规律变化的形体,该如何简化绘制?

8. 水利工程图中,何为合成画法、分层画法?

9. 水利工程图中,斜坡面和曲面如何表示?

10. 桥梁设计中,若遇到结构尺寸偏长、超出标准幅面的情况,如何调整图幅大小?

11. 路桥工程图中,字体大小有何要求?

12. 绘制工程图纸时,比例要求如何实现?

第五章 三维绘图基础

在工程初步设计方案中,需要设计者将设计方案制作成三维模型,以显示其立体效果,找出设计方案中不合理之处,并对缺陷进行逐次修改,使方案得以优化并趋向合理。因此,三维建模是检验工程设计方案是否合理的重要手段,也是现代建筑工程设计中不可缺少的设计环节。本章主要介绍三维绘图的基础知识及创建三维面和实体的几种方法,最后介绍一个常用的桥梁三维造型实例,以期达到举一反三的目的。

第一节 概 述

在 2D 图形中,使用 X 和 Y 两个坐标来绘图。在 3D 图形中,除 X 和 Y 轴外,还需要用到 Z 轴。平面图、剖面图和侧视图均表示出了两个坐标,而平行视图、透视图则表示出了对象的三个坐标。比如,建立一个立方体的三视图,这就相当于将一个 2D 图形进行加厚。对于那些可以加厚的对象可以用这种方法绘出,其他的视图还可以通过旋转视点或对象来得到。只需改变视点,用户就可以得到平行视图或透视图。

在 3D 坐标下绘制对象主要有以下三个优点:

(1)一旦绘出对象,便可以从任意角度观察和打印。

(2)一个 3D 对象包含了数字信息,它可用于工程分析,如有限元分析和计算机数控加工。

(3)阴影和渲染加强了对象的可观性。

在 3D 坐标中绘图受到两个方面的限制:一方面是只要输入 3D 坐标,则必须使用键盘输入而不能使用点输入设备。另一方面是在 3D 空间中,确定与某一对象的关系是很困难的。

一、三维构造模型

在 AutoCAD 中,用户可以建立 3 种形式的三维模型。

(一)线框模型

线框模型由一些描绘对象边界的点、直线和曲线构成,不包含平面,是三维对象的骨架。用户可以在三维空间的任何位置,用二维对象来创建线框模型。AutoCAD 也提供了一些三维的线框对象,如三维多段线和样条曲线。线框模型通常用于三维管线布置。

(二)表面模型

表面模型不仅定义了三维对象的边,还定义了它的表面,即表面模型具有面的特征。AutoCAD 的表面模型是用多边形网格定义的表面。由于网络面是微小平面,所以网络表面是近似的曲面。

(三)实体模型

实体模型是最方便、最容易使用的一种三维建模方法。AutoCAD 为用户提供了多种基本实体模型,包括长方体、圆锥体、圆柱体等。利用这些基本实体模型,通过挖孔、挖槽、倒角以及布尔运算等操作可生成更复杂的实体模型;也可以将二维对象沿路径延伸或绕轴旋转来创建实体模型。

二、设置三维坐标系

绘制三维图形必须在三维坐标系中进行,在 AutoCAD 中,用户可以根据需要来设置三维坐标系,即建立用户自己的坐标系——UCS。建立三维坐标系有以下两种方式。

(一)UCS 命令

建立三维坐标系的命令是 UCS,具体操作步骤如下:

命令:_UCS

输入选项[新建(N)/移动(M)/正交(G)/上一个(P)/恢复(R)/保存(S)/删除(D)/应用(A)/?/世界(W)]〈世界〉:

上述提示中,各选项的含义和功能如下。

新建(N):选择该选项将建立新坐标系。当输入"N"并按 Enter 键后,系统出现如下提示:

指定新 UCS 的原点或[Z 轴(ZA)/三点(3)/对象(OB)/面(F)/视图(V)/X/Y/Z〈0,0,0〉:

指定新 UCS 的原点:该选项用于确定新的坐标原点,坐标轴的方向保持不变。用户可输入新的坐标原点值,或用鼠标在屏幕上直接选取。坐标原点改变后,屏幕上的 UCS 图标会立即移动至新的位置。

提示:只有将 UCSICON(UCS 图标显示参数)的值设为在原点显示状态时,屏幕上的 UCS 图标才会随着原点位置的改变而改变。否则,即使设置了新的原点,UCS 图标也可能在原位不动。

Z 轴(ZA):该选项用于将当前坐标系沿 Z 轴正方向移动一段距离。该选项的优点是快速准确地确定 Z 轴的方向。

三点(3):该选项用三点定义坐标系。三点分别为原点、X 轴正方向上的一点和坐标值为正的 XOY 平面上的一点。

对象(OB):该选项用于指定实体定义新的坐标系。被指定的实体将与新坐标系有相同的 Z 轴方向,原点及 X 轴正方向的取法如表5-1 所示。确定了 X 轴和 Z 轴之后,Y 轴方向则由右手定则确定。

面(F):该选项用于通过选取平面来设置坐标系。

视图(V):该选项将坐标系的 XY 平面设为与当前视图平行,且 X 轴指向当前视图的水平方向,原点不变。

X/Y/Z:这 3 个选项可以将当前坐标系分别绕 X、Y、Z 轴旋转一指定角度。以 X 选项为例,选择该选项,AutoCAD 出现如下提示:

指定绕 X 轴的旋转角度 <90>:

用户可在此提示符下输入旋转角度,逆时针为正,顺时针为负。

表 5-1 坐标轴原点及 X 轴正方向的取法

实体类别	坐标轴原点及 X 轴正向取法
圆弧	圆心为原点,X 轴通过拾取点最近点的端点
圆	圆心为新原点,X 轴通过拾取点
直线	离拾取点较近的端点为新原点,X 轴正向沿此直线方向
2D 多段线	多段线的起点为新原点,X 轴通过多段线的第二个顶点
点	选取点为新原点,X 轴方向由系统随机确定
文本	文本插入点为新原点,用户坐标系被旋转到与文本角度相匹配的位置
轨迹	轨迹第一点为新原点,轨迹自身为 X 轴方向
块	块插入点为新原点,块旋转角方向为 X 轴正向
尺寸标注	尺寸文本中心点为新原点,X 轴平行于绘制尺寸文本时的 X 轴

移动(M):该选项用于将坐标系移动到指定的位置。

正交(G):该选项通过选取系统定义的标准正交视图方向来设置用户坐标系的位置。

上一个(P):该选项用于返回上一坐标系统。重复使用此选项,可以退回至任意一个用户曾经设置过的坐标系。

恢复(R):该选项用于调用存储的 UCS 系统,使之成为当前坐标系。

保存(S):该选项用于存储的当前坐标系统。

删除(D):该选项用于删除已存储的坐标系统。

应用(A):该选项用于将某一视口应用为当前视口。

?:该选项用于显示已保存的坐标系。

世界(W):该选项为默认选项,即将坐标系统设置为世界坐标系 WCS。

(二) DDUCS 命令

在 AutoCAD 中,除可以用 UCS 命令设置用户坐标系统外,还可以使用对话框进行设置。使用对话框来设置用户坐标系统的命令是"DDUCS"或"DDUCSP"。

"DDUCS"命令使用对话框管理用户坐标系统,当存储的坐标系统较多时比较方便。启动"DDUCS"命令后,将弹出如图 5-1 所示的对话框。该对话框中有 3 个选项卡。

1."命名 UCS"选项卡

通过"命名 UCS"选项卡可以对已经存在的 UCS 坐标系进行重命名设置。在当前 UCS 列表框中,列出了所有的 UCS 名称,用户双击 UCS 名称,可以重新修改该 UCS 名称。单击"置为当前"按钮,可以将选中的 UCS 设置为当前坐标系,还可以单击"详细信息"按钮,查看被选中 UCS 的详细信息。

2."正交 UCS"选项卡

单击"正交 UCS"选项卡,出现如图 5-2 所示的对话框。该对话框是用列表视图方式来选择 6 个正交面定义用户坐标系。在该对话框中,用户可以选择任意一个面,然后单击"置为当前"按钮,将选中的面设为当前坐标系。

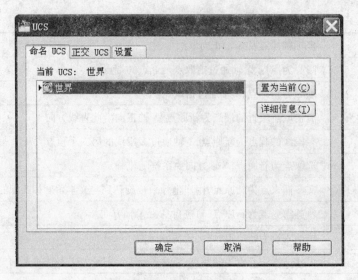

图 5-1 "命名 UCS"选项卡

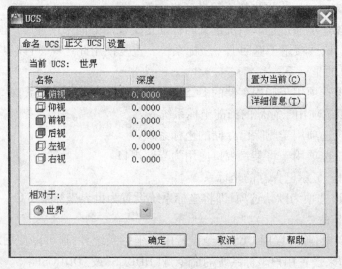

图 5-2 "正交 UCS"选项卡

3. "设置"选项卡

"设置"选项卡用来设置 UCS 图标显示方式和用户坐标系保存方式。单击"设置"选项卡,出现如图 5-3 所示的对话框。

1)"UCS 图标设置"区

(1)"开"复选框:选中该复选框后,系统将显示 UCS 图标,否则不显示。

(2)"显示于 UCS 原点"复选框:选中该复选框后,系统将在当前坐标系原点处显示 UCS 坐标。

2)"UCS 设置"区

(1)"UCS 与视口一起保存"复选框:选中该复选框后,系统将 UCS 图标与视口一起保存。

(2)"修改 UCS 时更新平面视图"复选框:选中该复选框后,当改变 UCS 时,视图也随

· 156 ·

之变化。

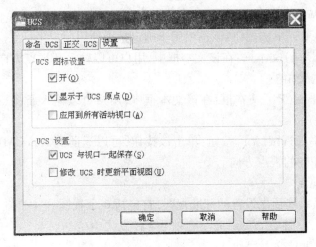

图 5-3 "设置"选项卡

三、设置三维视点

所谓三维视点,是指用户观察立体图形的位置及方向,假定用户绘制了一个正方体,如果用户位于平面坐标系中,即 Z 轴垂直于屏幕,则此时仅能看到正方体在 XY 平面上的投影,即一个正方形。如果用户将视点置于当前坐标系的左上方,则可以看到一个正方体。AutoCAD 提供了多种灵活方便的选择视点的方法,下面分别介绍这些方法。

(一)用"DDVpoint"命令设置视点

用户可以在命令行内直接输入"DDVpoint"或"vp"并按 Enter 键,即可启动该命令。启动后,将弹出如图 5-4 所示的对话框,用此对话框可以方便地设置视点。

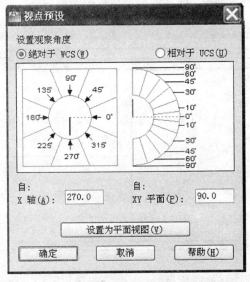

图 5-4 "视点预设"对话框

"视点预设"对话框中各选项的含义和功能如下。

（1）"绝对于 WCS"单选按钮：该选项用于确定是否使用绝对世界坐标系。

（2）"相对于 UCS"单选按钮：该选项用于确定是否使用用户坐标系。

（3）"自：X 轴"（A）文本框：在该文本框中，用户可以输入新视点方向在 XY 平面内的投影与 X 轴正向的夹角。

（4）"自：XY 平面（P）"文本框：在该文本框中，用户可以输入新视点方向与 XY 平面的夹角。

（5）"设置为平面视图（V）"按钮：单击该按钮，可以返回到 AutoCAD 初始视点状态，即与 Z 轴正方向相同的视点方向。

（二）用预置视点

预置视点就是系统预先设置的标准视图，它包括 6 个视图和 4 个轴测视图。预置视点的命令是"View"。启动"View"命令有以下 3 种方法。

（1）从"视图"工具栏上启动。

（2）单击菜单中的"视图"→"三维视图"→"俯视"/"仰视"等。

（3）命令行：单击菜单中的"View"。

6 个视图分别是俯视图（Top）、仰视图（Bottom）、左视图（Left）、右视图（Right）、主视图（Front）和后视图（Back）。4 个轴测视图分别是西南等轴测视图（SWIsometric）、东南等轴测视图（SEIsometric）、东北等轴测视图（NEIsometric）、西北等轴测视图（NWIsometric）。

四、设置多视窗

在绘制二维图形时，我们总是把整个绘图区域作为一个视窗来观察和绘制图形。在绘制三维图形时，为了更加全面地观察物体，要将一个绘图区分割成几个视窗，每个视窗设置不同的视点。如图 5-5 所示，屏幕被分割成三个视窗。

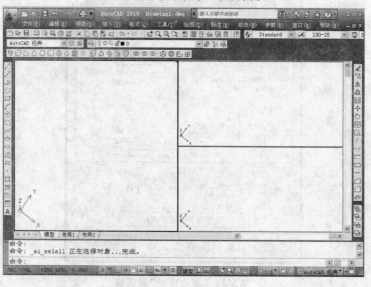

图 5-5　多视窗显示

设置多视窗的命令有两个,在图纸空间中建立多视窗的命令是"Mview",而在模型空间中建立多视窗的命令是"Vports"。通常我们在模型空间中按尺寸绘图,而在图形空间中,图形以不同比例的视图进行搭配,再添加些文字注释,从而形成一幅完整的图形。

图纸空间与模型空间的切换很简单,只需用户在状态栏上单击"模型"/"图纸"按钮,即可实现二者之间的切换。

(一)在图纸空间中设置多视窗

将绘图状态切换为图纸空间,在命令行直接输入"Mview"并按 Enter 键,系统将出现如下提示:

指定视口的角点或[开(ON)/关(OFF)/布满(F)/着色打印(S)/锁定(L)/对象(O)/多边形(P)/恢复(R)/2/3/4]<布满>:

其中,各选项的含义和功能介绍如下。

开(ON)/关(OFF):这两个选项用于打开或关闭被选择的视区,一个视区被关闭后,该视区内的实体将不再参加重新生成视图的操作,可提高绘图速度。

注意:在关闭的视区中,用户不能直接回到模型空间中,只有打开该视区才可以返回到模型空间中。

布满(F):该选项使视窗充满整个绘图区域。

着色打印(S):该选项用于选择着色打印模式。当选择该选项后,系统接着提示:是否着色打印?[按显示(A)/线框(W)/消隐(H)/渲染(R)]<按显示>:

锁定(L):该选项用于决定视窗是否锁定。当选择此选项后,系统提示如下。

视口视图锁定[开(ON)/关(OFF)]:

选项"开(ON)"是锁住视窗,当视窗锁住后,视窗不能缩放和移动。选项"关(OFF)"是打开锁定的视窗。当选择 ON 或 OFF 后,系统提示如下。

选择对象:(选择要进行操作的视窗)

对象(O):该选项是 AutoCAD 2000 以后新增的功能,系统允许用户选择任何连续封闭实体作为浮动视口,例如圆、矩形、多边形等。

多边形(P):创建多边形视口。用户根据提示,直接在图纸空间下建立由折线或弧段构成的封闭实体。

恢复(R):调用由"Mview"命令创建并存储的视窗分区。选择该选项,AutoCAD 提示如下。

输入视口配置名或[?]<*Active>:

在此提示符下,用户可直接输入要调用的视窗名,也可输入"?",AutoCAD 提示当前图形文件保存的所有视窗设置。

2:该选项表示将屏幕分为两个视区。选择该选项,AutoCAD 有如下提示。

输入视口排列方式[水平(H)/垂直(V)]<垂直>:

"水平(H)"选项表示将当前视区从水平方向分割成两个视图,"垂直(V)"选项则表示将当前视区分割为两个垂直方向的视图。

3:该选项表示将当前视区分成 3 个。选择该选项,AutoCAD 提示如下:

输入视口排列方式[水平(H)/垂直(V)/上(A)/下(B)/左(L)/右(R)]<右>:(选

择不同选项分割视区)

4:选择该选项将当前视区等分成4个。

提示:如果用户在模型空间中使用"Mview"命令,则AutoCAD将自动转换到图纸空间,在执行"Mview"命令后,再返回模型空间。

(二)在模型空间中设置多视窗

在模型空间中设置多个视窗的命令是"Vports",启动该命令后,系统将弹出如图5-6所示的对话框。

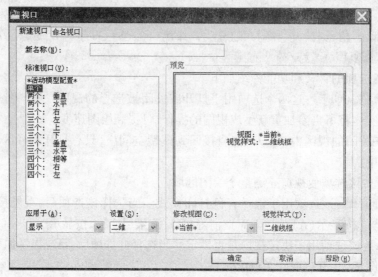

图5-6 "视口"对话框

在该对话框中的"新建视口"选项卡的"标准视口"选区中,用户可以选择要设置视口的类型,右边的视口"预览"区将显示视口的布局。

(三)三维动态观察器

启动三维动态观察器后,用户可通过按住鼠标左键沿任意方向拖动,坐标轴将随拖动方向旋转。具体有以下三种形式。

(1)受约束的动态观察,调用方式如下:

①由键盘输入命令"3Dorbit"。

②单击菜单栏中的"视图"→"动态观察"→"受约束的动态观察"。

启动此命令之前选择多个对象中的一个可以限制为仅显示此对象。命令处于激活状态时,单击鼠标右键可以显示快捷菜单中的其他选项。按住鼠标左键沿任意方向拖动,可在三维空间中旋转视图,但仅限于水平动态观察和垂直动态观察。

(2)自由动态观察,调用方式如下:

①在命令行中用键盘输入"3Dforbit";

②在主菜单中点击"视图"→"动态观察"→"自由动态观察"。

启动此命令时,三维自由动态观察视图显示一个导航球,如图5-7所示,光标在区域外,用户按住鼠标左键任意方向拖动时,观察效果等同于受约束的动态观察;光标在区域内,用户按住鼠标左键沿任意方向拖动时,视图可在三维空间中不受滚动约束地旋转。

（3）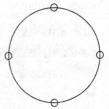连续动态观察，调用方式如下：

①在命令行中用键盘输入"3Dcorbit"；

②在主菜单中点击"视图"→"动态观察"→"连续动态观察"。

此命令以连续运动方式在三维空间内旋转视图。在绘图区域中单击并沿任意方向拖动定点设备，来使对象沿正在拖动的方向开始移动。释放定点设备上的按钮，对象在指定的方向上继续进行它们的轨迹运动。为光标移动设置的速度决定了对象的旋转速度。可通过再次单击并拖动来改变连续动态观察的方向。在绘图区域中单击鼠标右键并从快捷菜单中选择选项，也可以修改连续动态观察的显示。例如，可以依次选择"视觉辅助工具"→"栅格"向视图中添加栅格，而无须退出"连续动态观察"。

图5-7　导航球

第二节　创建三维面

一、二维图形三维转换

高度和厚度在 AutoCAD 中是用来表示图形实体的三维图形特征的一种重要形式。许多三维图形可以使用这种绘制方法来产生。在实际工作中，我们一般先事先设计好某个项目的平面、立面和剖面的二维平面图，然后把这些二维图形转换成三维面，再添加一些其他必要的三维面和体，从而创建出这一项目的三维透视模型。

（一）设置形体绝对高度和拉伸厚度

用于表述形体三维特征的两个重要参数是形体的高度和厚度。每一个图形实体都可以具有高度，每一个二维图形实体都可以具有厚度。

"ELEV"命令用于设定绘制图形的绝对高度和拉伸厚度。

无论是绘制二维图形，还是绘制三维图形和实体，只要在绘图前用"ELEV"命令设置了高度和厚度，以后所有绘制的图形都将处于这一高度平面上并具有这一厚度。高度值和厚度值有正负之分，值为正时，形体沿 Z 轴正向拉伸。

【例5-1】　用"ELEV"命令在同一张图形中作 5×4 的两矩形，其中一矩形的绝对高度为0，厚度为0，另一个矩形的高度为3，厚度为1.5。

结果在三维状态下观察（用"视点"命令指定适当的观察点），如图5-8（a）所示。其操作步骤如下：

命令:_ELEV

指定新的缺省标高 <0.0000>:✓

指定新的缺省标高 <0.0000>:✓

命令:_rectang

指定第一个角点或 [倒角（C）/标高（E）/圆角（F）/厚度（T）/宽度（W）]:0,0✓

指定另一个角点:

指定另一个角点:4,5✓

命令:_ELEV

指定新的缺省标高 <0.0000>:3 ✓

指定新的缺省标高 <0.0000>:1.5 ✓

命令:_rectang

指定第一个角点或[倒角(C)/标高(E)/圆角(F)/厚度(T)/宽度(W)]:0,0 ✓

指定另一个角点:4,5 ✓

(二)多图元多属性修改

在三维绘图中,若要同时修改多个图元的高度和厚度,可用"CHANGE"命令。

【例5-2】 将上一节已绘制好的图所示高度为0、厚度为0的矩形用"CHANGE"命令修改为高度为0.5、厚度为1。结果如图5-8(b)所示。其操作步骤如下:

下拉菜单→修改→特性或命令:_CHANGE/DDCHPROP

选择对象: 选择图5-8(a)中高度为0、厚度为0的矩形

修改指定点或[特性(P)]:P ✓

输入要修改的特性[颜色(C)/标高(E)/图层(LA)/线型(LT)/线型比例(S)/线宽(LW)/厚度(T)]:e ✓

指定新标高 <0.0000>:0.5 ✓

输入要修改的特性[颜色(C)/标高(E)/图层(LA)/线型(LT)/线型比例(S)/线宽(LW)厚度(T)]:T ✓

指定新厚度 <0.0000>:1 ✓

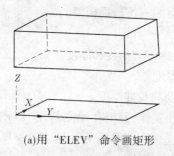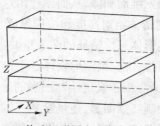

(a)用"ELEV"命令画矩形　　　(b)修改矩形厚度和高度

图5-8　三维状态结果观察

二、三维规则网格面绘制

AutoCAD 为我们提供了三维的 AutoLISP 程序,即一些基本表面形体(如立方体、球、圆盘、圆环、楔形体、锥体以及网格面)函数,并将其建成一个函数库。用户可以从对话框中选取需要的形体,或者在命令行输入相关命令,并定义该形体的一些有关参数,从而方便地创建各种灯具、建筑外形、装饰物、特殊造型的屋顶等模型。

要启动创建这些基本表面形体的命令可以用以下几种方法。

(一)在命令行键入 3D 命令

在命令行键入 3D 命令,回车后会出现下列提示:

[长方体表面(B)/圆锥面(C)/下半球(DO)/网格(M)/棱锥面(P)/球面(S)/圆环面

（T）/楔体表面（W）〕：

用户根据需要选择要绘制的基本形体。

（二）下拉菜单："绘图"→"建模"→"网格"→"图元"

下拉菜单可出现如图5-9所示的多种选择，用户可根据需要选择要绘制的基本形体。

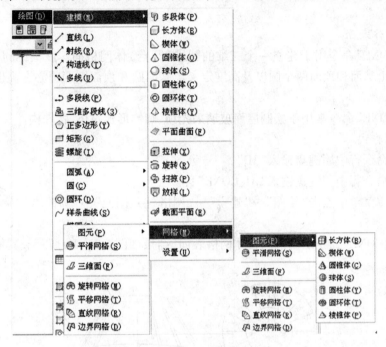

图5-9　绘制网格面下拉菜单

（三）在命令行中直接键入"AI_BOX"、"AI_CONE"等命令与"3D"命令下选取各项等效

1. 长方体表面

用"面"定义的立方体可用"AI_BOX"命令生成。"AI_BOX"命令可创建有顶盖的网格表面立方体，常用于创建建筑主体、装饰构件等。

1）调用方式

（1）在命令行中用键盘输入"3D"；

（2）在命令行中用键盘输入 AI_BOX；

（3）在主菜单中点击"绘图"→"建模"→"网格"→"图元"→"长方体"。

2）上机实践

用"AI_BOX"命令绘制长200、宽300、高120的小礼品盒，如图5-10所示。其操作步骤如下：

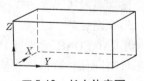

图5-10　长方体表面

命令：_AI_BOX	启动"AI_BOX"命令
指定角点给长方体：0,0↙	输入长方体底面起始点
指定长度给长方体：200↙	输入长方体长度
指定长方体表面的宽度或〔正方体（C）〕：300↙	输入长方体宽度

指定高度给长方体:120✓　　　　　　　　　　　　　　输入长方体高度

指定长方体表面绕 Z 轴旋转的角度或参考〔(R)〕:0✓输入长方体绕 Z 轴的转动角度

3)命令说明

长度与宽度的数值既可直接输入,也可在图中点取线段长度,但其长度、宽度和高度不能为负值。

2.圆锥体表面

"AI_CONE"命令用于建立一个三维的圆锥(圆台)体网格面。该三维的圆锥体(圆台)网格面由基面和顶面两个圆以及高度定义。基面圆和顶面圆两圆心在高度方向上是重合的。

"AI_CONE"命令常用于绘制屋面玻璃采光顶、圆锥形建筑体、特殊构件等。

1)调用方式

(1)在命令行中用键盘输入"3D";

(2)在命令行中用键盘输入"AI_CONE";

(3)在主菜单中点击"绘图"→"建模"→"网格"→"图元"→"圆锥体"。

2)上机实践

用"AI_CONE"命令绘制一圆台体网格表面,结果如图 5-11(b)所示。其操作步骤如下:

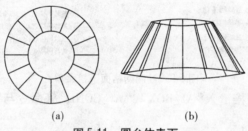

(a)　　　　　　　　　　　(b)

图 5-11　圆台体表面

命令:_AI_CONE　　　　　　　　　　　　　　启动"AI_CONE"命令

指定圆台体底面的中心点:0,0 ✓　　　　　　输入圆台体底圆圆心坐标

指定圆台体底面的半径或〔直径(D)〕:10 ✓　　输入圆台体底面半径

指定圆台体顶面半径或〔直径(D)〕<0>:5 ✓　　输入圆台体顶圆半径

指定圆台体的高度:8 ✓　　　　　　　　　　　输入圆台体高度

输入圆台体表面的线段数 <16>:✓　　　　　　输入圆台体表面网格密度

3)命令说明

用"AI_CONE"命令生成的不管是圆锥、圆台、棱锥、棱台,其三维形体的顶端和底端并不封闭;而用"棱锥体表面"命令绘制的三棱锥、四棱锥、三棱台或四棱台,其底端和顶端都是封闭的。

3.球体表面

用"AI_SPHERE"命令可以分别绘制由"网格面"定义的球体。

1)调用方式

(1)在命令行中用键盘输入"3D";

（2）在命令行中用键盘输入"AI_SPHERE"；

（3）在主菜单中点击"绘图"→"建模"→"网格"→"图元"→"球体"。

2）上机实践

用"AI_SPHERE"命令绘制直径为3 000 的上半球,如图5-12 所示。其具体操作步骤如下:

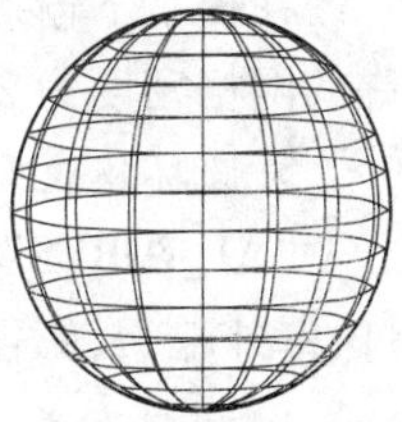

命令:_AI_SPHERE　　　　　　　　启动"AI_SPHERE"命令

指定中心点给球体:0,0✓　　　　　　输入球心坐标

指定球面的半径或直径(D):1 500✓　　输入球体半径

输入表面的经线数目给球体<16>:✓　输入球体经线数目

输入表面的纬线数目给球体<16>:✓　输入球体纬线数目

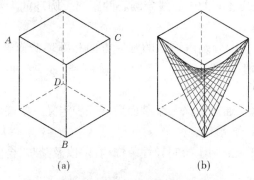

图5-12　球体表面

3）命令说明

经纬线的数目控制球面的光滑度,其数目越多,球面越光滑。

4. 四边形网格面

用"AI_MESH"命令可以用四顶点确定一个由多个小平面组成的网格面;该网格面可以是二维平面,也可以是三维曲面。该命令常用于绘制异形玻璃幕墙、栅栏、壳体屋面、异形分格和装饰品等。

1）调用方式

（1）在命令行中用键盘输入"3D"；

（2）在命令行中用键盘输入"AI_MESH"。

2）上机实践

用"AI_MESH"命令在边长为200 的正方体(见图5-13(a))中生成一扭曲面,结果如图5-13(b)所示。其操作步骤如下:

图5-13　四边形表面

（a）　　　　　　　　　　　　（b）

命令:_AI_MESH　　　　　　　　　启动"AI_MESH"命令

指定网格的第一角点:A✓　　　　　A 端点捕捉 A 点

指定网格的第二角点:B✓　　　　　B 端点捕捉 B 点

指定网格的第三角点:C✓　　　　　C 端点捕捉 C 点

指定网格的第四角点:D✓　　　　　D 端点捕捉 D 点

输入 M 方向上的网格数量:16✓　　输入网格曲面 M 方向的网格密度

输入 N 方向上的网格数量:16 ✓　　　　　　输入网格曲面 N 方向的网格密度

3)命令说明

在提示下输入 M 或 N 方向上的网格数量,输入值越大,该曲面越光滑。AutoCAD 允许的网格密度为 2 ~ 256。

5. 圆环体表面

"AI_TORUS"命令用于绘制诸如游泳圈之类的圆环形体。设计中用于绘制室内环形灯、室外雕塑、广告装饰品(如手镯)、机械零件等。

1)调用方式

(1)在命令行中用键盘输入"3D";

(2)在命令行中用键盘输入"AI_TORUS";

(3)在主菜单中点击"绘图"→"建模"→"网格"→"图元"→"圆环体"。

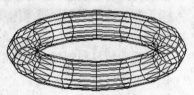

2)上机实践

用"AI_TORUS"命令绘制游泳圈,半径为500,圈粗80,如图5-14所示。具体操作步骤如下:

图 5-14　圆环体表面

命令:_AI_TORUS　　　　　　　　　　　　启动"AI_TORUS"命令

指定圆环面的中心点:50,50 ✓　　　　　　输入圆环中心坐标

指定圆环面的半径或直径(D):500 ✓　　　输入圆环半径

指定圆环管半径或直径(D):40 ✓　　　　　输入环管半径

输入环绕圆环管圆周的线段数目 <16>:✓　输入绕圆环周长的小平面数

输入环绕圆环面圆周的线段数目 <16>:✓　输入绕圆环管周长的小平面数

3)命令说明

(1)圆环的半径是圆环管的中心线到圆心的距离。圆环的大小和圆环管的粗细可用直径或半径的方式输入。

(2)圆环面的光滑程度分别由输入的圆周方向和圆环截面方向的小平面数目确定,数值越大,表明面越光滑。

6. 棱锥体表面

"AI_PYRAMID"命令通过定义一个基面后进一步定义一些棱面,从而绘制三棱锥、四棱锥或三棱台、四棱台表面形体。

"AI_PYRAMID"命令常用于绘制异性装饰构件,以及踏步、台阶的挡墙或锥形玻璃采光罩等。

1)调用方式

(1)在命令行中用键盘输入"3D";

(2)在命令行中用键盘输入"AI_PYRAMID";

(3)在主菜单中点击"绘图"→"建模"→"网格"→"图元"→"棱锥体"。

2)上机实践

用"AI_PYRAMID"命令绘制一个长×宽为300×500、高度为500 的锥形体,如图5-15所示。具体操作步骤如下:

命令:_AI_PYRAMID　　　　　　　　　　　　启动"AI_PYRAMID"命令
指定棱锥面底面的第一角点:0,0 ✓　　　　输入棱锥面底面第一角点坐标
指定棱锥面底面的第二角点:300,0 ✓　　　输入棱锥面底面第二角点坐标
指定棱锥面底面的第三角点:300,500 ✓　　输入棱锥面底面第三角点坐标
指定棱锥面底面的第四角点或[四面体(T)]:0,500 ✓输入棱锥面底面第四角点坐标
指定棱锥面顶点或[棱(R)/顶面(T)]:150,250,500 ✓　输入棱锥顶点坐标

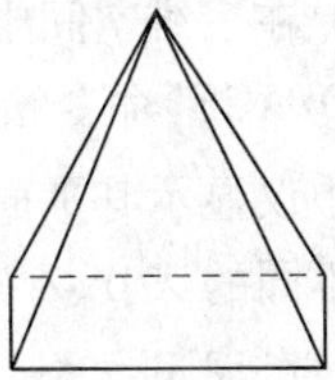

7. 楔体表面

"AI_WEDGE"命令用于绘制楔形块。该形体的产生基于当前构造平面上的基面,其斜面的坡度方向与 X 轴方向一致。

在设计中,常用"AI_WEDGE"命令绘制建筑物的坡屋顶、装饰中的儿童家具、广告中的玩具,以及室外环境装饰品及雕塑、机械零件等。

图 5-15　棱锥体表面

1)调用方式

(1)在命令行中用键盘输入"3D";

(2)在命令行中用键盘输入"AI_WEDGE";

(3)在主菜单中点击"绘图"→"建模"→"网格"→"图元"→"楔体"。

2)上机实践

用"AI_WEDGE"命令绘制一个薄楔形片,其长度为 300,宽度为80,高度为 400,如图 5-16 所示,具体操作步骤如下:

图 5-16　楔体表面

命令:_AI_WEDGE　　　　　　　　　　　启动"AI_WEDGE"命令
指定角点给楔体:0,0 ✓　　　　　　　　输入楔体角点坐标
指定长度给楔体:300 ✓　　　　　　　　输入楔体底边长度
指定楔体表面宽度:80 ✓　　　　　　　　输入楔体底边宽度
指定高度给楔体:400 ✓　　　　　　　　输入楔体高度
指定楔体表面绕 Z 轴旋转的角度:0 ✓　　输入楔体绕 Z 轴的旋转角度

8. 圆柱体表面

用"AI_CYLINDER"命令创建三维网格圆柱体。

1)调用方式

(1)在命令行中用键盘输入"mesh";

(2)在主菜单中点击"绘图"→"建模"→"网格"→"图元"→"圆柱体"。

2)上机实践

用"AI_CYLINDER"命令绘制直径为 400、高为 300 的圆柱体,如图 5-17 所示,具体操作步骤如下:

下拉菜单→绘图→建模→网格→图元→圆柱体　　　启动"AI_CYLINDER"命令
指定底面的中心点或[三点(3P)/两点(2P)/切点、切点、半径(T)/椭圆(E)]:0,0 ✓
输入圆柱体底面中心点坐标
指定底面半径或直径(D):200 ✓　　　　　　　输入圆柱体底面半径

指定高度或[两点(2P)/轴端点(A)]:300 ↙   输入圆柱体高度

三、任意形状三维表面绘制

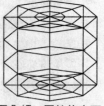

图 5-17　圆柱体表面

在 AutoCAD 中,用户可以构造三维空间内任意位置、任意形状的平面、曲面或其他三维形体的表面。

(一)三维面

在三维空间中绘图时,由三个点所决定的任意平面都可以用"3DFACE"命令绘制。用"3DFACE"命令绘制的三维平面在计算机中仅显示其平面的外框,且该平面的外框还可以根据需要进行隐藏。平面的顶点可以有不同的 X、Y、Z 坐标。三维面的角点可按顺时针或逆时针方向输入。

1. 调用方式

(1)在命令行中用键盘输入"3DFACE";

(2)在主菜单中点击"绘图"→"建模"→"网格"→"三维面"。

2. 上机实践

如图 5-18 所示,用"3DFACE"命令在已绘制好的方桶上加一个顶盖。如图 5-19 所示,用"HIDE"命令观察,其操作步骤如下:

命令:_3DFACE　　　　　　　　　　　　启动"3DFACE"命令
指定第一点[或不可见(I)]:于鼠标捕捉 A 点　　交点捕捉三维面第一点
指定第二点[或不可见(I)]:于鼠标捕捉 B 点　　交点捕捉三维面第二点
指定第三点[或不可见(I)]:于鼠标捕捉 C 点　　交点捕捉三维面第三点
指定第四点[或不可见(I)]:于鼠标捕捉 D 点　　交点捕捉三维面第四点
指定第三点[或不可见(I)]:↙　　　　　　　结束三维面绘制
命令:_hide　　　　　　　　　　　　　启动 HIDE 命令
正重新生成模型　　　　　　　　　　　系统执行 HIDE 命令

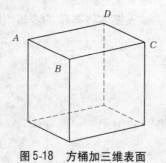

图 5-18　方桶加三维表面

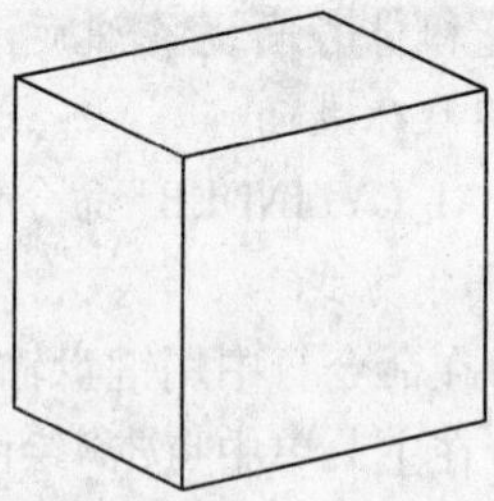

图 5-19　隐藏后的方桶表面

3. 命令说明

(1)对于用"3DFACE"命令生成的三维平面,无论是用"标高"、"厚度"命令,还是用"修改对象特性"命令,都不能赋予其一个厚度,但可赋予其某一高度。

(2)"3DFACE"命令在三维面绘制过程中,可选择隐藏选项隐藏三维面的边界,同时也可以使用"EDGE"命令隐藏或显示三维面的外边界线。

（二）边界曲面

一个以四条直线、圆或多段线封闭而成的闭合回路称为边界的复杂曲面,可用"边界曲面"命令以其边界定义一个复杂的三维网格曲面。系统变量 SURFTAB1 和 SURFTAB2 分别控制着曲面的 M、N 方向曲面网格密度,系统变量值越大,曲面越光滑。

创建曲面的四条棱边可以是二维曲线,也可以是三维曲线。曲面原点为拾取的第一条边的最近点,同时第一条边为 M 方向,邻原点的另一条边为 N 方向。

设计领域中常用"EDGESURF"命令来绘制异形面。

1. 调用方式

（1）在命令行中用键盘输入"EDGESURF";

（2）在主菜单中点击"绘图"→"建模"→"网格"→"边界网格"。

2. 上机实践

如图 5-20(a)所示为封闭曲线,用"EDGESURF"命令绘制异形曲面,结果如图 5-20(b)所示。其操作步骤如下:

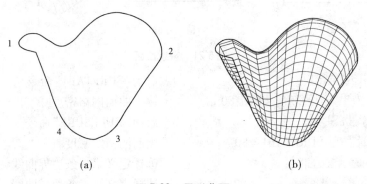

(a)   (b)

图 5-20　异形曲面

命令:_EDGESURF	启动"EDGESURF"命令
当前线框密度:SURFTAB1 = 6　SURFTAB2 = 6	当前曲面的网格密度
选择用作曲面边界的对象 1:	选择曲面的第一条棱边
选择用作曲面边界的对象 2:	选择曲面的第二条棱边
选择用作曲面边界的对象 3:	选择曲面的第三条棱边
选择用作曲面边界的对象 4:	选择曲面的第四条棱边

3. 命令说明

（1）在创建空间曲面的过程中,若能结合多段线以及 UCS 用户坐标系统,绘制起来更直观、方便、快捷。

（2）棱边拾取没有顺序要求,系统将根据选取先后顺序把选择的直线分别确定为棱边 1、2、3、4,边界的各顶点必须首尾相连。

（三）直纹曲面

在两条指定的曲线或直线间用"RULESURF"命令可生成网格空间曲面,该曲面在两条相对直线和曲线之间的网格是直线。用于创造直纹曲面的曲线可以是曲线,也可以是直线、点、弧、圆、二维多段线或三维多段线,不同的线可相互组合。

"RULESURF"命令常用于绘制复杂的建筑屋面造型、装饰的异形构件等。

1. 调用方式

(1)在命令行中用键盘输入"RULESURF";

(2)在主菜单中点击"绘图"→"建模"→"网格"→"直纹网格"。

2. 上机实践

用"RECTANG"命令绘制斜坡屋面矩形基座($X = 12\,000$, $Y = 8\,000$)和屋面天窗($X = 4\,000$, $Y = 4\,000$),如图5-21(a)所示;再用"CHANGE"命令将矩形 $EFGH$ 升到 $3\,000$ 高度;最后用"RULESURF"命令绘制完成斜坡屋面,屋面高度为 $3\,000$,结果如图5-21(b)、图5-21(c)所示,其操作步骤如下:

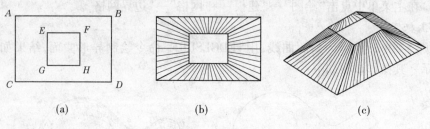

(a)　　　　　　　　(b)　　　　　　　　(c)

图5-21　直纹曲面

命令:_SURFTAB1	启动"SURFTAB1"命令
输入 SURFTAB1 的新值 < 6 >:80 ✓	输入曲面网格密度
命令:_RULESURF	启动"RULESURF"命令
当前线框密度:SURFTAB1 = 80	当前网格线密度
选择第一条定义曲线:	选择定义第一条边界曲线
选择第二条定义曲线:	选择定义第二条边界曲线

3. 命令说明

SURFTAB1 系统变量控制着直纹曲面的网格密度,其密度越大,生成的面越光滑。

(四)旋转曲面

在创建三维形体时,可用"旋转曲面"命令将形体截面的外轮廓线围绕某一指定轴旋转一定角度生成一网格曲面。若旋转一周,则生成一个封闭的回转面。所生成的旋转曲面网格密度可用 SURFTAB1 和 SURFTAB2 分别控制 M、N 方向的密度,其中旋转轴定义 M 方向,旋转轨迹定义 N 方向。

被旋转的轮廓线可以是圆、圆弧、直线、二维多段线、三维多段线,但旋转轴只能是直线、二维多段线和三维多段线,如果旋转轴选取的是多段线,那么实际轴线为多段线两端点的边线。

"REVSURF"命令常用于创建建筑形体、建筑细部、室内装饰、机械零件、玩具等。

1. 调用方式

(1)在命令行中用键盘输入"REVSURF";

(2)在主菜单中点击"绘图"→"建模"→"网格"→"旋转网格"。

2. 上机实践

用"多段线"命令绘制出酒瓶断面轮廓和旋转轴,如图5-22(a)所示;再用"旋转曲

面"命令将酒瓶断面轮廓绕轴转动360°,结果生成如图 5-22(b)和 5-22(c)所示的酒瓶。其操作步骤如下:

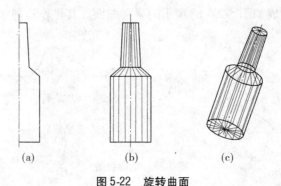

图 5-22　旋转曲面

命令:_SURFTAB1	启动"SURFTAB1"命令
输入 SURFTAB1 的新值 < 80 > :16 ↙	输入 M 方向网格密度值
命令:_SURFTAB2	启动"SURFTAB2"命令
输入 SURFTAB2 的新值 < 6 > :16 ↙	输入 N 方向网格密度值
命令:_REVSURF	启动"REVSURF"命令
当前线框密度:SURFTAB1 = 16 SURFTAB2 = 16	当前网格密度
选择要旋转的对象:	选择旋转轮廓线
选择定义旋转轴的对象:	选择旋转轴
指定起点角度 < 0 > :↙	输入旋转起始角度
指定包含角(+ =逆时针, − =顺时针) < 360 > :↙	输入旋转角度

3. 命令说明

(1)有宽度的多段线旋转后仅形成旋转面,其旋转轮廓线为多段线的中心线。

(2)旋转方向按右手定则确定,旋转后的旋转曲面与旋转轴仍然分离。

(3)在旋转轮廓线和旋转轴时每次只能选取一个目标,不能使用窗口选择方式选择多个目标。

（五）平移曲面

以一条路径轨迹沿某一指定矢量方向拉伸而成的曲面即为平移曲面,指定的方向矢量将沿指定的轨迹曲线移动。

拉伸向量线必须是直线、二维多段线和三维多段线,路径轨迹线可以是直线、圆弧、圆、二维多段线或三维多段线。若拉伸向量线选取多段线,则拉伸方向为两端点连线,且拉伸面的拉伸长度即为向量长度。

注意:拉伸曲面沿轨迹线方向的网格密度可用 SURFTAB1 进行控制,但不能用SURFTAB2控制沿拉伸矢量方向的网格密度。

"TABSURF"命令常用于绘制玻璃幕墙、布帘以及广告特效制作等。

1. 调用方式

(1)在命令行中用键盘输入"TABSURF";

(2)在主菜单中点击"绘图"→"建模"→"网格"→"平移网格"。

2. 上机实践

用"多段线"命令绘制路径轨迹线 *AB* 和矢量拉伸多段线 *CD*,如图 5-23(a)所示;执行"TABSURF"命令,生成如图 5-23(b)所示的平移曲面。其操作步骤如下:

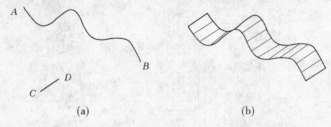

(a)   (b)

图 5-23   平移曲面

命令:_TABSURF   启动"TABSURF"命令
当前线框密度:SURFTAB1 = 16   当前网格密度
选择用作轮廓曲线的对象: 选择拉伸路径轨迹
选择用作方向矢量的对象: 选择矢量拉伸直线

第三节   创建三维体

三维实体是另一种类型的三维形体。AutoCAD 除提供由"面"定义的三维体及三维面命令外,还提供了创建三维实体的命令,如图 5-24 所示。根据图 5-25,用户可根据需要选择要绘制的基本形体。

图 5-24   实体工具栏

图 5-25   菜单栏

三维实体通过输入实体的控制尺寸,可以用 AutoCAD 相关函数自动生成,也可以用二维图形拉伸或旋转生成。前者用于构造基本实体——立方体、圆锥、圆球、圆台、圆环体,而后者更能创造一些自由而复杂的形体。

注意:三维实体与前面所讲过的三维面和由"面"定义的三维体不同之处在于三维实体具有质量特性,即形成内部是实心的,可以通过布尔运算进行打孔、挖槽、合并等。

本节将详细讲解直接绘制三维基本实体的命令以及如何用"拉伸"和"旋转"命令创

建复杂多变的三维体。

一、长方体实体

"BOX"命令是以基面和高定义三维立方实体。

（一）调用方式

（1）在命令行中用键盘输入"BOX"；

（2）在主菜单中点击"绘图"→"建模"→"长方体"；

（3）单击"实体"工具栏中"长方体" □ 图标。

（二）上机实践

用"BOX"命令创建 2 500 × 2 500 × 2 500 的实心正方体，其底面中心位置位于（5,5,5），如图 5-26 所示，其操作步骤如下：

命令:_BOX   启动"BOX"命令
指定第一个角点或[中心(C)]:C↙   选择 C 项
指定中心:5,5,5↙   输入立方体的底面中心点坐标
指定其他角点或[立方体(C)/长度(L)]:C↙   选择 C 项，建立正方实体
指定长度:2 500↙   输入正方体边长

二、圆锥实体

"圆锥体"命令用于生成圆锥形实体，该实体是以圆或椭圆为底，垂直向上对称地变细至一点。常用该命令绘制城堡之类的屋顶。

（一）调用方式

（1）在命令行中用键盘输入"CONE"；

（2）在主菜单中点击"绘图"→"建模"→"圆锥体"；

（3）单击"实体"工具栏中"圆锥体" △ 图标。

（二）上机实践

用"圆锥体"命令绘制圆锥形屋顶，其直径为 5 000，高为 7 000，如图 5-27 所示。其操作步骤如下：

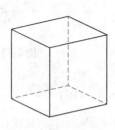

图 5-26　长方体表面

图 5-27　圆锥体表面

命令:_ISOLINES   启动"ISOLINES"命令
输入 ISOLINES 的新值 <4>:32↙   设置当前线框密度

命令：_CONE   启动"CONE"命令

指定底面的中心点或[三点(3P)/两点(2P)/切点、切点、半径(T)/椭圆(E)]：指定
圆锥体底面圆心

指定底面半径或[直径(D)]<0.0>：2 500↙   输入圆锥体底面半径

指定高度或[两点(2P)/轴端点(A)/顶面半径(T)]<0.0>：7 000↙输入圆锥体
高度

三、圆柱实体

"圆柱"命令用于生成一个无锥度的圆柱实体，圆柱实体是与拉伸圆或椭圆相似的一
种基本实体，但它没有拉伸斜角。该命令常用于创建柱、旗杆等。

(一)调用方式

(1)在命令行中用键盘输入"CYLINDER"；

(2)在主菜单中点击"绘图"→"建模"→"圆柱体"；

(3)单击"实体"工具栏中"圆柱" ⬭ 图标。

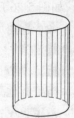

(二)上机实践

用"圆柱"命令绘制直径为4 000、高为5 000的圆柱体，如图5-28
所示。其操作步骤如下：

图5-28　圆柱
体表面

命令：_CYLINDER   启动"CYLINDER"命令

指定底面的中心点或[三点(3P)/两点(2P)/切点、切点、半径(T)/椭圆(E)]：指定
底面中心点

指定底面半径或[直径(D)]<0.0>：2 000↙   输入圆柱底面半径

指定高度或[两点(2P)/轴端点(A)]<0.0>：5 000↙   输入圆柱实体高度

四、实心球体

"球体"命令用于绘制实心球体，该球体是由一个半径
(或直径)以及球心定义的，如图5-29所示。该命令常用于
绘制球形门把手、球形建筑主体、轴承的钢珠等。

(一)调用方式

(1)在命令行中用键盘输入"SPHERE"；

(2)在主菜单中点击"绘图"→"建模"→"球体"；

(3)单击"实体"工具栏中"球体" ⬭ 图标。

图5-29　球体表面

(二)上机实践

用"SPHERE"命令绘制直径为3 000的球体，如图5-29所示。其操作步骤如下：

命令：_SPHERE   启动"SPHERE"命令

指定中心点或[三点(3P)/两点(2P)/切点、切点、半径(T)]：指定球心中心点

指定半径或[直径(D)]<0.0>：1 500↙   输入球体半径

五、圆环实体

"圆环"命令用于绘制圆环实体。圆环实体是由两个半径定义的,一个是圆管的半径,另一个是从圆环中心到圆管中心的距离。

该命令常用于绘制建筑装饰构件等。

(一)调用方式

(1)在命令行中用键盘输入"TORUS";

(2)在主菜单中点击"绘图"→"建模"→"圆环体";

(3)单击"实体"工具栏中"圆环体"◎图标。

(二)上机实践

用"圆环"命令绘制直径为 2 000,环管粗为700 的室外雕塑,如图5-30 所示。其操作步骤如下:

图5-30　圆环体表面

命令:_TORUS　　　　　　　　　　　　　　　启动"TORUS"命令

指定中心点或[三点(3P)/两点(2P)/切点、切点、半径(T)]:指定圆环实体中心点

指定半径或[直径(D)] <1500.0000>:1 000✓　　输入圆环实体半径

指定圆环管半径或[两点(2P)/直径(D)]:d✓　　选择直径输入方式

指定圆环管直径 <0.0000>:700✓　　　　　　输入圆环管粗

六、楔形实体

"楔体"命令用于绘制楔形实体,该实体的产生基于当前构造平面上的基面,其斜面的坡度方向与 X 轴方向一致,即所定义的楔形体的长、宽、高分别为 X、Y、Z 轴方向的坐标相对距离。

(一)调用方式

(1)在命令行中用键盘输入"WEDGE";

(2)在主菜单中点击"绘图"→"建模"→"楔体";

(3)点击"实体"工具栏中"楔体"△图标。

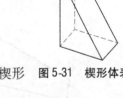

(二)上机实践

用"楔体"命令绘制长、宽、高分别为3 000、2 000、5 000 的楔形　　图5-31　楔形体表面

实体,如图5-31 所示。其操作步骤如下:

命令:_WEDGE　　　　　　　　　　　　　　启动"WEDGE"命令

指定第一个角点或[中心(C)]:　　　　　　　指定楔体底面第一角点坐标

指定其他角点或[立方体(C)/长度(L)]:L✓　　选择 L 项

指定长度 <0.0>:3 000✓　　　　　　　　　输入楔形实体底边长

指定宽度 <0.0>:2 000✓　　　　　　　　　输入楔形实体底边宽

指定高度或[两点(2P)] <0.0>:5 000✓　　　输入楔形实体高度

七、拉伸实体

用"拉伸"命令可将二维图形拉伸建立一个实心原形体,任何二维封闭图形都可沿指定路径拉伸为复杂三维实体。

拉伸实体和平移曲面都能对二维图形沿路径进行拉伸,但前者生成实体,后者生成面或由面围合的空心体。

"EXTRUDE"命令用于绘制楼梯栏杆、管道、异形装饰物等一些复杂形体。

(一)调用方式

(1)在命令行中用键盘输入"EXTRUDE";

(2)在主菜单中点击"绘图"→"建模"→"拉伸";

(3)点击"实体"工具栏中"拉伸" ⬚ 图标。

(二)选项说明

启动"EXTRUDE"命令,选择需要拉伸的二维图形后出现提示:

指定拉伸的高度或[方向(D)/路径(P)/倾斜角(T)]:

选择拉伸路径或[倾斜角(T)]:

各项含义如下:

指定拉伸的高度:输入拉伸高度后,将生成柱体、锥体或台体。

路径(P):选择拉伸路径,基于用户所选择的线性物体拉伸二维图形。

注意:拉伸路径可以是曲线、弧线、二维多段线或三维多段线。一旦选定,二维形体将沿此路径拉伸成形。

(三)上机实践

在不同的 UCS 坐标系下,先用 3DPOLY 绘制拉伸路径三维多段线,再在适当的 UCS 用户自定义坐标系下,用"CIRCLE"命令绘制直径为 1 000 的圆,如图 5-32(a)所示,最后用"EXTRUDE"命令将圆沿路径拉伸生成如图 5-32(b)所示的一段楼梯扶手,扶手粗为 1 000。

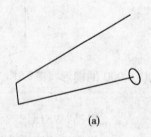
(a)

(b)

图 5-32 拉伸表面

其操作步骤如下:

命令:_EXTRUDE	启动"EXTRUDE"命令
当前线框密度:ISOLINES = 32	当前的线框密度
选择要拉伸的对象:找到 1 个	选择圆
选择要拉伸的对象:↙	结束选择

指定拉伸的高度或［方向（D）/路径（P）/倾斜角（T）］<5000.0000>:P↙

选择 P 项，沿路径方式拉伸

选择拉伸路径或［倾斜角（T）］:　　　　　　　选择三维多段线

（四）命令说明

（1）能够拉伸为三维实体的二维图形包括闭合多段线、多边形、3D 多段线、圆和椭圆。用来拉伸的多段线必须是封闭的，多段线包含的顶点数为 3 ~ 500。

（2）拉伸高度可为负值，也可为正值。

八、旋转实体

用"旋转"命令可将一些二维形体绕用户指定的轴旋转生成三维实体。这些用于生成旋转实体的二维形体可以是圆、椭圆、二维多段线和面域，但多段线必须是密闭的，这也有别于"AI_REVSURF"命令。

图块中的二维图形不能进行旋转生成三维实体，且每次执行"旋转"命令，只能选择一个图形，如果一次选择多个二维图形，则系统仅默认第一个选中对象作三维旋转生成实体。

二维图形旋转生成的三维实体表面也以网格表示，其密度用 ISOLINES 设置，光滑度用 FACETRES 设置。

（一）调用方式

（1）在命令行中用键盘输入"REVOLVE"；

（2）在主菜单中点击"绘图"→"建模"→"旋转"；

（3）点击"实体"工具栏中"旋转" 图标。

（二）选项说明

启动"REVOLVE"命令，选择需要旋转的二维图形后出现提示：

指定轴起点或根据以下选项之一定义轴［对象（O）/X/Y/Z］

各项含义如下：

对象（O）:选择用户定义的线性物体为旋转轴。

X/Y:以 X/Y 坐标轴为旋转轴。

旋转轴起点:输入旋转轴的起点，该项接下来的提示为:旋转轴的终点。

（三）上机实践

绘制一段直径为 500，圆周半径为 3 000 的圆弧形下水管道，结果如图 5-33（b）所示。

命令:_REVOLVE　　　　　　　　　　　　　　启动"REVOLVE"命令

当前线框密度:ISOLINES = 32　　　　　　　　当前线框密度

选择要旋转的对象:找到 1 个　　　　　　　　选择圆

选择要旋转的对象:　　　　　　　　　　　　结束选择

指定轴起点或根据以下选项之一定义轴［对象（O）/X/Y/Z］:O↙　选择对象为旋转轴

选择对象:　　　　　　　　　　　　　　　　选择直线

指定旋转角度或［起点角度（ST）］<360>:270↙　　输入旋转角度

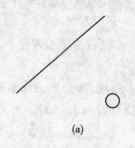

(a)

(b)

图 5-33　旋转实体表面

(四)命令说明

用"直线"命令绘制的线或封闭图形不能使用该命令。

第四节　三维实体编辑

本节重点讲述三维图形的各种编辑、变换方法,并能够应用布尔运算创建复杂多变的形体,同时利用消隐和渲染功能增强三维实体空间立体感,加强显示效果。

一、三维图形的操作

三维图形和二维图形一样,对图形可以进行旋转、阵列复制、镜像复制、切割和圆滑,在使用这些命令时,坐标系的位置和方向感比二维图形更重要。

(一)三维阵列

"三维阵列"命令用于在三维空间中生成三维矩形或环行阵列。与二维图形执行阵列操作一样,用户可以在矩形或圆形范围内定义对象数量,不同之处在于用户还可以在高度方向上定义对象的分布,如图 5-34 所示。

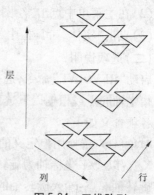

图 5-34　三维阵列

对大量通用的构件模型,只需认真地做好一个模型或块,其余的只需阵列或复制就可以完成了,如建筑室内的柱子、门、窗等构件。

1. 调用方式

(1)在命令行中用键盘输入"3DARRAY";

(2)在主菜单中点击"修改"→"三维操作"→"三维阵列"。

2. 上机实践

用"三维阵列"命令将图 5-35(a)中的实心正方体在三维空间中阵列复制 3 行、2 列、2 层,如图 5-35(b)所示。

其操作步骤如下:

命令:_3DARRAY　　　　　　　　　　　启动"3DARRAY"命令

选择对象:找到 1 个　　　　　　　　　选择阵列对象

选择对象:↙　　　　　　　　　　　　结束目标选择

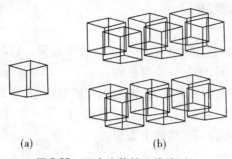

(a)　　　　　　　　　(b)

图 5-35　正方实体的三维阵列

输入阵列类型［矩形（R）/环形（P）］＜矩形＞:　　　选择 R 项,矩形阵列

输入行数（－－－）＜1＞:3　　　　　　　　　　　输入矩形阵列行数

输入列数（｜｜｜）＜1＞:2　　　　　　　　　　　输入矩形阵列列数

输入层数（...）＜1＞:2　　　　　　　　　　　　输入矩形阵列层数

指定行间距（－－－）:80　　　　　　　　　　　输入矩形阵列行间距

指定列间距（｜｜｜）:70　　　　　　　　　　　输入矩形阵列列间距

指定层间距（...）:120　　　　　　　　　　　　输入矩形阵列层间距

3.命令说明

在使用该命令时,数值可以直接键入,也可以用两点来代替。注意数值的输入,如果为正,将按 AutoCAD 规定的方向,否则相反。

（二）三维旋转

利用"三维旋转"命令实现三维空间内旋转实体,如建筑中坡形屋面的创建就可以由平屋面绕屋脊线旋转指定的角度生成。

1.调用方式

（1）在命令行中用键盘输入"3DROTATE";

（2）在主菜单中点击"修改"→"三维操作"
→"三维旋转"。

2.上机实践

用"三维旋转"命令把如图 5-36（a）所示的实心圆锥体绕 X 轴旋转 60°,从而使其如图 5-36（b）所示。

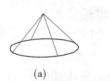

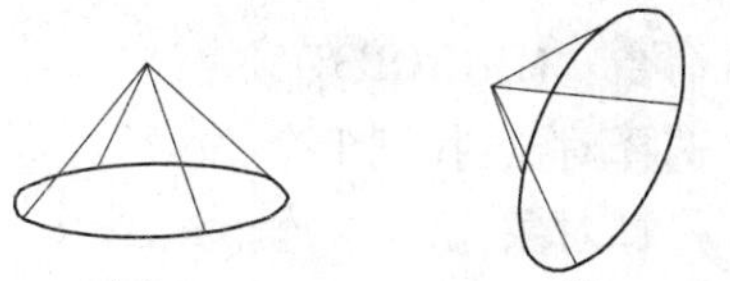

(a)　　　　　　(b)

图 5-36　三维旋转

其操作步骤如下:

命令:_3DROTATE　　　　　　　　　　　　　启动"3DROTATE"命令

当前正向角度:ANGDIR = 逆时针　ANGBASE = 0

选择对象:找到 1 个　　　　　　　　　　　　选择旋转对象

选择对象:　　　　　　　　　　　　　　　　结束选择

指定轴上的第一个点或定义轴依据［对象（O）/最近的（L）/视图（V）/X 轴（X）/Y 轴
（Y）/Z 轴（Z）/两点（2）］:X　　　　　　　　　选择 X 为旋转轴

指定 X 轴上的点 ＜0,0,0＞:　　　　　　　　　捕捉底面中心点

指定旋转角度或［参照(R)］:60✓   输入旋转角度

(三)三维镜像

"三维镜像"命令是创建相对于某一平面的镜像对象。它与二维镜像的不同之处在于,其参照物是一个对称面,不是一个对称轴。

在工程设计中,许多造型是对称的,如建筑中的坡屋顶、古建筑立面、纪念碑、纪念堂等。对于这些形体,我们只需要创建它对称体的一半,另一半可用三维镜像将三维实体按指定的三维平面镜像处理即可完成整个造型。

1. 调用方式

(1)在命令行中用键盘输入"MIRROR3D";

(2)在主菜单中点击"修改"→"三维操作"→"三维镜像"。

2. 上机实践

用"三维镜像"命令制作剪刀楼梯。先用复制的办法制作两个梯段,如图 5-37(a)所示;再将梯段在三维空间中镜像复制,结果如图 5-37(b)所示。其操作步骤如下:

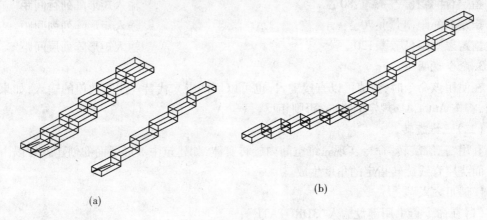

(a)   (b)

图 5-37　三维镜像

命令:_MIRROR3D   启动"MIRROR3D"命令

选择对象:找到 1 个   选择镜像对象

选择对象:✓   结束目标选择

指定镜像平面(三点)的第一个点或［对象(O)/最近的(L)/Z轴(Z)/视图(V)/XY平面(XY)/YZ平面(YZ)/ZX平面(ZX)/三点(3)］<三点>:yz ✓选择 YZ 项,镜像平面平行于 YZ 平面

指定 YZ 平面上的点 <0,0,0>:   交点捕捉

是否删除源对象?［是(Y)/否(N)］<否>:y ✓   不保留源对象

(四)三维倒角

二维编辑中的"倒角"命令,对三维实体同样适用。与二维对象倒角的区别是:必须先选择一个面,然后还要指定是该面上的哪个边。

上机实践:用"倒角"命令将图 5-38(a)中的模型倒角,结果如图 5-38(b)所示。

其操作步骤如下:

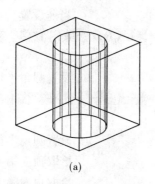
(a)

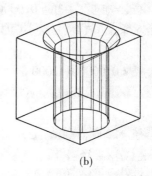
(b)

图 5-38　三维倒角

命令:_chamfer　　　　　　　　　　　　　　　　　启动"chamfer"命令
("修剪"模式)当前倒角距离 1 = 0.00,距离 2 = 0.00
选择第一条直线或[放弃(U)/多段线(P)/距离(D)/角度(A)/修剪(T)/方式(E)/
多个(M)]:d↙　　　　　　　　　　　　　　　　　选择 D 选项,距离设置
指定第一个倒角距离 <0.00>:800 ↙　　　　　　　设置第一个倒角距离
指定第二个倒角距离 <0.00>:800 ↙　　　　　　　设置第二个倒角距离
选择第一条直线或[放弃(U)/多段线(P)/距离(D)/角度(A)/修剪(T)/方式(E)/
多个(M)]:　　　　　　　　　　　　　　　　　　选择实体
基面选择...
输入曲面选择选项[下一个(N)/当前(OK)] <当前(OK)>:↙选择当前
指定基面的倒角距离 <800.0000>:↙　　　　　　　基面倒角距离
指定其他曲面的倒角距离 <800.0000>:↙　　　　　曲面倒角距离
选择边或[环(L)]:L ↙　　　　　　　　　　　　　选择环形边界
选择边环或[边(E)]:选择边环或[边(E)]:　　　　选中圆形边界,回车

(五)三维圆角

二维编辑中的"圆角"命令,对三维实体仍适用。与二维对象圆角的区别是:选择面上的一个边或多个边即可完成圆角操作。

上机实践:用"圆角"命令将图 5-39(a)中的模型倒圆角,结果如图 5-39(b)所示。

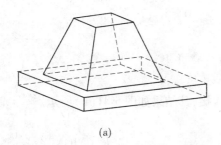
(a)

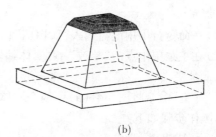
(b)

图 5-39　三维圆角

其具体操作步骤如下:
命令:_fillet　　　　　　　　　　　　　　　　　启动"fillet"命令

当前设置:模式=修剪,半径=0.0000　　　　　　　　　当前设置

选择第一个对象或[放弃(U)/多段线(P)/半径(R)/修剪(T)/多个(M)]:R✓选择
R选项

指定圆角半径<0.0000>:2000✓　　　　　　　　　　设置圆角半径

选择第一个对象或[放弃(U)/多段线(P)/半径(R)/修剪(T)/多个(M)]:选中顶面
一条边

输入圆角半径<2000.0000>:✓　　　　　　　　　　设置圆角半径

选择边或[链(C)/半径(R)]:　　　　　　　　　　　　拾取顶面第一条边

选择边或[链(C)/半径(R)]:　　　　　　　　　　　　拾取顶面第二条边

选择边或[链(C)/半径(R)]:　　　　　　　　　　　　拾取顶面第三条边

选择边或[链(C)/半径(R)]:　　　　　　　　　　　　拾取顶面第四条边

选择边或[链(C)/半径(R)]:✓

已选定4个边用于圆角。

二、布尔运算

一般来说,创建三维实体的命令都只能生成一些简单独实体。为了创建复杂多变的形体,AutoCAD提供了一种称作布尔运算的方法,以对三维实体模型进行编辑计算。所谓布尔运算,就是对各个三维实体和二维面域进行并集、差集、交集的计算。

(一)并集

"并集"命令用于对所选择的实体进行并集运算,用于计算几个实体的总和,将两个以上的域或实体连接成组合域或复合实体,形成一个整体,如图5-40所示。

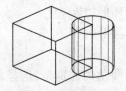 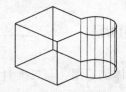

(a)并集前的实体　　　(b)并集后的实体　　　(c)并集前的面域　(d)并集后的面域

图5-40　并集运算

1. 调用方式

(1)在命令行中用键盘输入"UNION";

(2)在主菜单中点击"修改"→"实体编辑"→"并集"。

2. 上机实践

用"并集"命令将图5-41(a)中两个实体连接,其结果如图5-41(b)所示。

其操作步骤如下:

命令:_UNION　　　　　　　　　　　　　　　　　　启动"UNION"命令

选择对象:找到1个　　　　　　　　　　　　　　　　选择球体

选择对象:找到1个,总计2个　　　　　　　　　　　选择圆锥体

选择对象:✓　　　　　　　　　　　　　　　　　　　结束选择

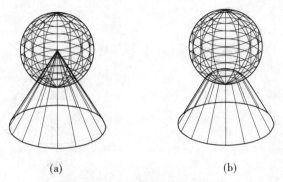

|(a)|(b)|

图 5-41　球体与圆锥体的并集运算

3.命令说明

选择将被并集的实体时,可以用交叉窗口方式一次选取所示实体,也可一次只选一个实体;当多个实体进行布尔并集运算后,它们形成的是一个整体,在进行其他操作时,也可将其作为一个实体被选中;进行布尔运算并集中的实体可以是不接触或不相交的,对这类实体进行求并计算的结果是它们组成一个复合实体。

(二)差集

对三维实体和面域进行差集运算,实际上就是从所选的三维实体组或面域组中减去一个或多个实体或面域,并得到一个新的实体或面域,如图 5-42 所示。"差集"命令常用于实体或面域开洞,如建筑模型中门窗洞口。

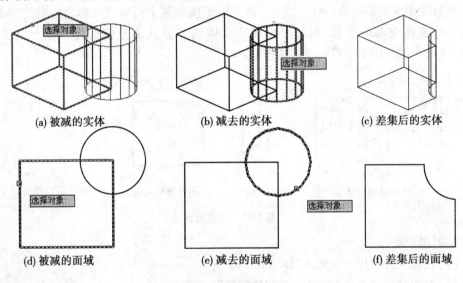

| (a) 被减的实体 | (b) 减去的实体 | (c) 差集后的实体 |
| (d) 被减的面域 | (e) 减去的面域 | (f) 差集后的面域 |

图 5-42　差集运算

1.调用方式

(1)在命令行中用键盘输入"SUBSTRACT";

(2)在主菜单中点击"修改"→"实体编辑"→"差集"。

2.上机实践

用"差集"命令将图 5-43(a)中两个实体求差,其结果如图 5-43(b)所示。

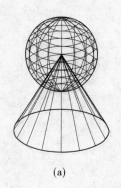 

(a)　　　　　　　　　　　　　　　(b)

图 5-43　球体与圆锥体的差集运算

其操作步骤如下：

命令：_SUBSTRACT 选择要从中减去的实体、曲面和面域...　　　　　　启动"SUB-STRACT"命令

选择对象：找到 1 个　　　　　　　　　　　　　　　　　　选择圆锥体

选择对象：↙　　　　　　　　　　　　　　　　　　　　　结束选择

选择要减去的实体、曲面和面域...

选择对象：找到 1 个　　　　　　　　　　　　　　　　　　选择球体

选择对象：↙　　　　　　　　　　　　　　　　　　　　　结束选择

（三）交集

同数学中求交集计算一样，"交集"命令用于确定多个面域或实体之间的公共部分，计算并生成相交部分形体，而每个面域或实体的非公共部分便会被删除。如图 5-44 所示，该命令主要用于生成一些特殊模型。

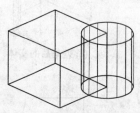　　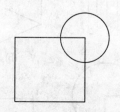　

(a)并集前的实体　　　(b)并集后的实体　　　(c)并集前的面域　　　(d)并集后的面域

图 5-44　交集运算

1. 调用方式

（1）在命令行中用键盘输入"INTERSECT"；

（2）在主菜单中点击"修改"→"实体编辑"→"交集"。

2. 上机实践

用"交集"命令将图 5-45（a）中的立方体与球体求交，结果如图 5-45（b）所示。图 5-45（c）为消隐图。

其操作步骤如下：

命令：_INTERSECT　　　　　　　　　　　　　　　　　启动"INTERSECT"命令

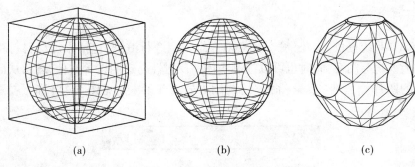

(a)   (b)   (c)

图5-45　球体与圆锥体的差集运算

选择对象:找到 1 个　　　　　　　　　　选择立方体

选择对象:找到 1 个,总计 2 个　　　　　选择球体

选择对象:↙　　　　　　　　　　　　　结束选择

命令:HIDE　　　　　　　　　　　　　启动消隐命令

3.命令说明

如果选取的三维实体或面域之间没有相交部分,AutoCAD 将删除实体或面域;"交集"命令生成多个相交实体的交集,其他非公共部分将被删除。若想生成交集又保留现有实体,可用"干涉"命令(INTERFERE)。

三、三维图形的消隐

使用 AutoCAD 系统绘制图形时,使用系统提供的消隐和渲染功能可以增强三维实体的空间立体感,加强显示效果。

消隐就是在观察三维图形的时候,有些对象被放在它前面的对象挡住了一部分。AutoCAD系统提供的"消隐"命令可以让被遮挡住的这部分不显示在屏幕上,从而达到更加逼真的三维影像效果,这些功能可以帮助用户更好地观察和显示图形。

(一)调用方式

(1)在命令行中用键盘输入"HIDE";

(2)在主菜单中点击"视图"→"消隐"。

(二)命令说明

运行"消隐"命令,AutoCAD 系统将对当前视图中的所有实体进行消隐,消隐并重新生成图形。消隐后的图形执行"重生"命令,当前视图中的图形将恢复到消隐前的状态。如图 5-46 所示为执行消隐前后的不同效果。

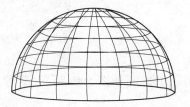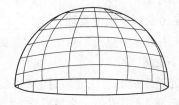

图5-46　三维图形的消隐

四、三维渲染

AutoCAD 系统提供"渲染"命令用于对三维模型进行渲染,包括添加材料、控制光源,以至于加上人物等图案,同时也可以控制实体的反射性与透明性等其他属性,从而生成具有真实感的图片。三维"渲染"命令的调用方式有工具栏(见图 5-47)和下拉菜单(见图 5-48)。

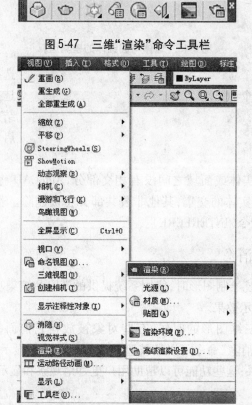

图 5-47　三维"渲染"命令工具栏

图 5-48　三维"渲染"命令下拉菜单

(一)光源

对三维模型进行渲染之前,一般要设置光源,光源对于建筑图的渲染效果至关重要。在场景中施加不同的光线,可以影响到实体的颜色、亮度,并能生成阴影。AutoCAD 系统为用户提供了 4 种类型的光线,即环境光、平行光、点光源和聚光灯。

1. 调用方式

(1)在命令行中用键盘输入"LIGHT";

(2)在主菜单中点击"视图"→"渲染"→"光源"。

2. 命令说明

环境光是系统的默认光线,用户可启动相应的命令,如图 5-49 所示,新建其他光源,对光源进行插入、定位和修改等操作。

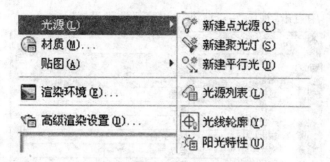

图 5-49 "光源"下拉菜单

(二) 材质和贴图

AutoCAD 系统提供了不同的材质和贴图。

执行"材质"命令后,系统弹出如图 5-50 所示的对话框,该对话框中包含了材质库、选择材质并将材质赋予对象等功能。

执行"贴图"命令后,系统弹出如图 5-51 所示的"贴图"下拉菜单,可选择贴图方式。

图 5-50 "材质"对话框

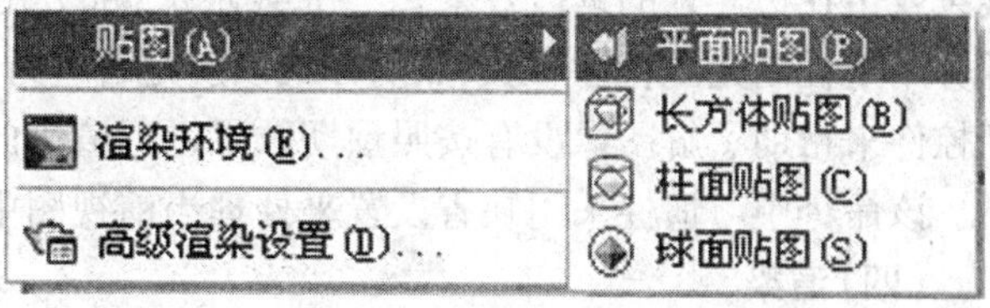

图 5-51 "贴图"下拉菜单

(三) 高级渲染设置

"高级渲染设置"选项板包含渲染器的主要控件,如图 5-52 所示。可以从预定义的渲染设置中选择,也可以进行自定义设置。

1. 调用方式

(1) 在命令行中用键盘输入"RPREF";

（2）在主菜单中点击"视图"→"渲染"→"高级渲染设置"。

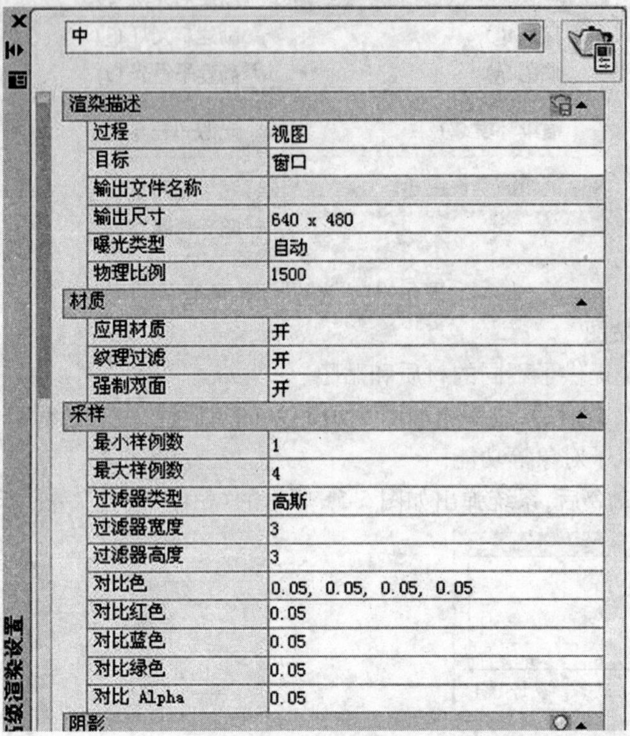

图 5-52　高级渲染设置

2．命令说明

选项板被分为从基本设置到高级设置的若干部分。"基本"部分包含了影响模型的渲染方式、材质和阴影的处理方式以及反走样执行方式的设置（反走样可以削弱曲线型线条或边在边界处的锯齿效果）。"光线跟踪"部分用于控制如何产生着色。"间接发光"部分用于控制光源特性、场景照明方式以及是否进行全局照明和最终采集，还可以使用诊断控件来帮助了解图像没有按照预期效果进行渲染的原因。

该命令中习惯性采用缺省设置来处理当前视图中的图形。

（四）渲染

"渲染"命令中习惯使用缺省设置来处理当前视图中的图形。使用缺省设置得到的图形是明暗处理的模型。实体表面的明暗用颜色来表示，系统光源的位置缺省在照相机的位置上。

1．调用方式

（1）在命令行中用键盘输入"RENDER"；

（2）在主菜单中点击"视图"→"渲染"→"渲染"。

2．上机实践

绘制直径为 500 的球体，并对其进行渲染，结果如图 5-53 所示。

其具体操作步骤如下：

命令：_isolines　　　　　　　　　　　　　　　　　　启动"isolines"命令

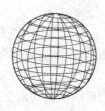 

图5-53　球体渲染效果

输入 ISOLINES 的新值 <4 >:16 ↙ 　　　　　　　　设置当前线框密度

命令:_sphere 　　　　　　　　　　　　　　　　　　启动 sphere 命令

指定中心点或[三点(3P)/两点(2P)/切点、切点、半径(T)]:指定球体中心坐标

指定半径或[直径(D)]<0.0 >:250 ↙ 　　　　　输入球体半径

命令:_RENDER 　　　　　　　　　　　　　　　　启动"RENDER"命令

第五节　实例操作

一、重力式梁桥桥墩建模

重力式梁桥桥墩由墩帽、墩身和基础 3 部分组成。通过 AutoCAD 的三维绘图命令、三维编辑命令,再结合布尔运算等综合操作,一般可以完成这种专业实体的大部分的建模工作。重力式梁桥桥墩三维建模可分别对墩帽、墩身和基础进行建模,然后组装成一个整体桥墩。

（一）墩帽建模

1. 基本资料

平面形状为两侧圆端形,中间线长为 982 cm,宽为 130 cm,墩帽中间厚为 30 cm,端部厚为 40 cm。

2. 操作步骤

先创建底层厚为 30 cm 的部分,再创建端部厚为 40 cm 的部分,最后叠合成一个整体。

（1）创建底层墩帽。先设置为东南等轴测视图,在 XOY 平面上绘制长为 983 cm、宽为 130 cm,端部为两个半圆的封闭图形。

用"Boundary"命令将其生成一个面域,用实体拉伸命令"Extrude"拉伸实体,拉伸高度为 40 cm,完成底层墩帽建模。

（2）创建端部墩帽。端部墩帽为半圆形,厚度为 40 cm。在 XOY 平面上绘制半径为 65 cm 的圆,用实体拉伸命令"Extrude"拉伸此圆,拉伸高度为 40 cm,生成圆柱。

用"SLICE"命令将该圆柱沿 X 轴一分为二。其操作过程如下:

命令:_SLICE

选择要剖切的对象: 　　　　　　　　　　　　　　（选择圆柱）

选择要剖切的对象:↙

指定切面的起点或[平面对象(O)/曲面(S)/Z 轴(Z)/视图(V)/XY(XY)/YZ(YZ)/

完成后的实体如图 5-54 所示。

（3）用"Move"命令将两个半圆分别移到底层墩帽的两侧顶面，并准确定位。

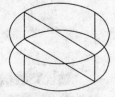

图 5-54 端部墩帽

（4）用"Union"命令对上面实体做布尔并集运算，使其成为一个整体墩帽，最后生成的三维墩帽如图 5-55 所示。

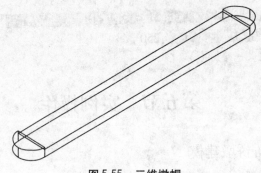

图 5-55 三维墩帽

(二)墩身建模

1. 基本资料

平面形状为两侧圆端形，中间线长为 982 cm，宽为 120 cm，墩身高为 1 000 cm，纵向、横向侧坡均为 20:1。

2. 操作步骤

先创建中间墩身部分，再创建端部墩身部分，最后叠合成墩身整体。

（1）创建中间墩身。设置为东南等轴测视图，用 UCS 命令将坐标轴绕 X 轴旋转 90°。在 XOY 平面上绘制上底宽为 120 cm，下底宽为 220 cm，高为 1 000 cm 的梯形。

用"Boundary"命令将其生成一个面域，用实体拉伸命令"Extrude"拉伸实体，拉伸高度为 982 cm，完成中间墩身建模。

（2）创建端部墩身。端部墩身各为半个圆台，圆台顶面直径为 120 cm，底面直径为 220 cm，高为 1 000 cm，拉伸角度 = arctan(50/1 000) = 2.862 41°，其中 50 = (220 − 120)/2。

接着，用 UCS 命令将坐标轴绕 X 轴旋转 −90°。

在 XOY 平面上绘制直径为 220 cm 的圆，用实体拉伸命令"Extrude"拉伸此圆，拉伸高度为 982 cm，拉伸角度为 2.286 24°，拉伸结束后生成圆台。

用"Slice"命令将该圆台沿 X 轴一分为二，其操作过程如下：

ZX(ZX)／三点(3)]＜三点＞：ZX ↙

　　指定 ZX 平面上的点＜0,0,0＞：　　　　　　　　（捕捉圆心）

　　在所需的侧面上指定点或[保留两个侧面(B)]＜保留两个侧面＞：↙

　　（3）用"Move"命令将两个半圆台分别移到中间墩身的两侧,并准确定位。

　　（4）用"Union"命令将上面实体做布尔并集运算,使其成为一个整体墩身,最后生成的三维墩身如图 5-56 所示。

（三）基础建模

1. 基本资料

基础平面形状为矩形,上层基础长为 1 262 cm,宽为 220 cm;下层基础长为 1 322 cm,宽为 280 cm,上、下层基础厚度均为 75 cm。

2. 操作步骤

先分别创建上、下层基础,然后叠合成整体。

（1）用"BOX"命令创建上层基础,其操作过程如下：

命令：_BOX

指定第一个角点或[中心(C)]：　　　　　　　（在屏幕上任意拾取一点）

指定其他角点或[立方体(C)/长度(L)]：L ↙

指定长度：1 262 ↙

指定宽度：220 ↙

指定高度或[两点(2P)]＜40.0000＞：75 ↙

　　（2）用同样的方法绘制下层基础。

　　（3）用"Move"命令将两层基础准确定位。

　　（4）用"Union"命令对上面实体做布尔并集运算,使其成为一个整体,最后生成的三维基础如图 5-57 所示。

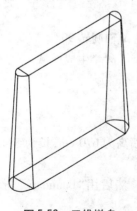

图 5-56　三维墩身

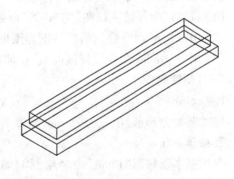

图 5-57　三维基础

（四）桥墩组装

　　将上面已建成的墩帽、墩身和基础三部分按其准确位置拼在一起,然后用"Union"命令做成一个桥墩。组装后的实体桥墩如图 5-58 所示。

二、重力式梁桥桥台建模

重力式梁桥桥台由台帽、前墙、侧墙和基础4部分组成。重力式梁桥桥台三维建模可分别对台帽、前墙、侧墙和基础进行建模,然后组装成一个整体桥墩。

(一)台帽建模

1. 基本资料

台帽为立方体形状,长为1 130 cm,宽为96 cm,厚为40 cm。

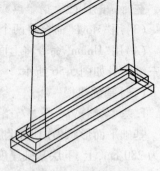

图5-58 实体桥墩

2. 操作步骤

用"BOX"命令创建矩形台帽,其操作过程如下:

命令:_BOX

指定第一个角点或[中心(C)]: (在屏幕上任意拾取一点)

指定其他角点或[立方体(C)/长度(L)]:L↙

指定长度:1 130↙

指定宽度:96↙

指定高度或[两点(2P)]<40.0000>:40↙

(二)前墙建模

1. 基本资料

台口宽为86 cm,高为170 cm;前墙顶宽为75 cm,背坡4:1;前墙胸高为500 cm,墙长为1 120 cm,总高为670 cm。

2. 操作步骤

先按基本资料用"Pline"命令绘制前墙的剖面图形,然后用"Boundary"命令生成面域,最后用"Extrude"命令拉伸成实体模型。

(1)设置东南等轴测视图,用"UCS"命令将坐标轴绕X轴旋转90°。

(2)用"Pline"命令绘制前墙的剖面图形,用"Boundary"命令生成面域。

(3)用"Extrude"命令拉伸该面域,拉伸高度为1 120 cm。

(三)侧墙建模

1. 基本资料

侧墙断面为梯形,顶宽为75 cm,底宽为243 cm;侧墙高为670 cm,长为584 cm。

2. 操作步骤

先按基本资料用"Pline"命令绘制侧墙的剖面图形,然后用"Boundary"命令生成面域,最后用"Extrude"命令拉伸成实体模型。

(1)设置为东南等轴侧视图,用"UCS"命令将坐标轴绕Y轴旋转-90°。

(2)用"Pline"命令绘制侧墙的剖面图形,用"Boundary"命令生成面域。

(3)用"Extrude"命令拉伸该面域,拉伸高度为584 cm。

操作结束后生成的前墙、侧墙三维模型如图5-59、图5-60所示。

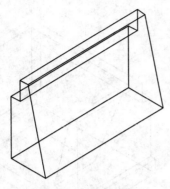

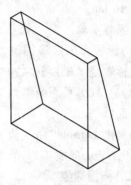

图 5-59　前墙三维模型　　　　　　　　　　　图 5-60　侧墙三维模型

（四）基础建模

1. 基本资料

基础形状为立方体,长为 1 200 cm,宽为 25 cm,厚为 120 cm。

2. 操作步骤

用"BOX"命令创建基础,其操作过程如下:

命令:_BOX

指定第一个角点或[中心(C)]:　　　　　（在屏幕上任意拾取一点）

指定其他角点或[立方体(C)/长度(L)]:L↙

指定长度:1 200↙

指定宽度:25↙

指定高度或[两点(2P)]<40.0000>:120↙

（五）桥台组装

（1）先将台帽与前墙拼在一起,再将侧墙拼在前墙左侧后端,利用"Mirror3d"命令,镜像生成右侧侧墙。其具体操作过程如下:

命令:_mirror3d

选择对象:　　　　　　　　　　　　　（选择左侧侧墙）

选择对象:↙

指定镜像平面(三点)的第一个点或[对象(O)/最近的(L)/Z轴(Z)/视图(V)/XY平面(XY)/YZ平面(YZ)/ZX平面(ZX)/三点(3)]<三点>:ZX↙

指定ZX平面上的点<0,0,0>:　　　　　（在屏幕上拾取一点）

是否删除源对象?[是(Y)/否(N)]<否>:↙

（2）将基础与前墙、侧墙及台帽拼在一起。

（3）用"Union"命令合成一个桥台。操作结束后生成的桥台三维模型如图5-61所示。

三、20 mT 形梁上部结构建模

每孔由 7 片主梁构成,主梁为 20 m 标准 T 形梁。

(一)主梁建模

1. 基本资料

梁高为 130 cm,长为 2 000 cm,宽为 158 cm,肋宽为 18 cm;翼缘板端部厚为 8 cm,根

部厚为 14 cm。

2．操作步骤

（1）设置为东南等轴测视图，用"UCS"命令将坐标轴绕 Y 轴旋转 $-90°$。

（2）在 XOY 平面内绘制 T 形梁的断面图，并生成面域。

（3）用"Extrude"命令拉伸该面域，拉伸高度为 1 996 cm，形成 T 形梁。

（二）横梁建模

1．基本资料

每片中间主梁两侧各有 5 片横梁，横梁宽为 15 cm，与主梁同高，横梁间距为 485 cm，外主梁的 5 片横梁分布在内侧。

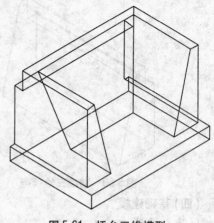

图 5-61　桥台三维模型

2．操作步骤

（1）先创建一片横梁，横梁外侧高为 122 cm，内侧高为 116 cm，宽为 70 cm，厚为 15 cm。按此尺寸绘制横梁断面，再用"Extrude"命令拉伸，拉伸高度为 15 cm。

（2）先将一片横梁放置在距离主梁端部 30 cm 处，按横梁在主梁上的位置和数量，用"Mirror3d"和"3Darray"命令分别对外主梁及内主梁进行建模。

按以下步骤完成右侧横梁的镜像操作：

命令：_mirror3d

选择对象：　　（选择一片横梁）

选择对象：✓

指定镜像平面（三点）的第一个点或[对象（O）/最近的（L）/Z轴（Z）/视图（V）/XY 平面（XY）/YZ 平面（YZ）/ZX 平面（ZX）/三点（3）] <三点>：　　　　　　（捕捉主梁中轴）

在镜像平面上指定第二点：@10,0,0 ✓

在镜像平面上指定第三点：@0,0,10 ✓

是否删除源对象？[是（Y）/否（N）] <否>：✓

按以下步骤完成其他横梁的阵列操作：

命令：_3darray

正在初始化...已加载 3DARRAY。

选择对象：　　（选择两片横梁）

选择对象：✓

输入阵列类型[矩形（R）/环形（P）] <矩形>：✓

输入行数（ － － －）<1>：✓

输入列数（ | | | ）<1>：5 ✓

输入层数（...）<1>：✓

指定列间距（ | | | ）：485 ✓

操作结束后的内、外主梁三维模型如图 5-62 所示。外主梁只有 5 片横梁，操作与内主梁类似。

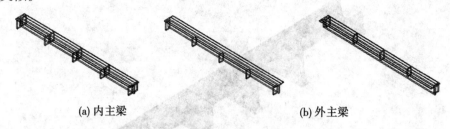

(a) 内主梁　　　　　　　(b) 外主梁

图 5-62　主梁三维模型

（三）拼装孔上部结构

每孔由 7 片主梁组成,用"3Darray"命令拼装孔上部结构。

四、重力墩台、20 mT 形桥梁建模

（一）基本资料

上部为 5 孔 20 mT 形梁,下部为重力式墩、台,每孔有 7 片主梁。

（二）操作步骤

（1）下部墩台定位。用"Copy"命令复制 3 个桥墩,4 个桥墩沿 X 轴方向排成一列,间距为 2 000 cm。用"Mirror3d"命令镜像另一个桥台,并使两桥台与桥墩对齐,桥台前墙之间的距离为 1 004 cm。

（2）用"3Darray"命令将整孔(7 片梁)阵列 5 孔,用"Move"命令将上部结构抬到墩台上,并使梁轴线与墩台轴线对齐,梁底高度与墩顶相平,每两孔梁端部中心与桥墩中心对齐。完成整座桥梁的拼装操作。最后完成的桥梁三维模型如图 5-63 所示。

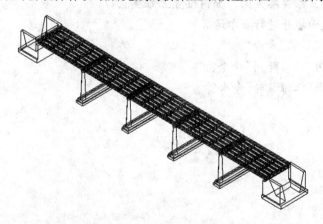

图 5-63　20 mT 形桥梁三维模型

（3）用"渲染"命令,选择平行光对上面完成的桥梁三维模型进行渲染后的效果如图 5-64所示。

图 5-64　经过渲染后的桥梁三维模型

思考题

1. 在计算机中构造三维物体有哪些模型?
2. 在 AutoCAD 中有哪几种构造三维实体的方法?
3. 什么是三维坐标系? 如何建立三维坐标系? 如何灵活转换三维坐标?
4. 如何认定 AutoCAD 的作图平面?
5. 哪些二维绘图命令可以在三维模型空间继续使用?
6. 哪些二维编辑命令可以在三维模型空间继续使用?
7. 如何确定三维观察方向? 如何设置三维视点?
8. 如何创建面域并进行布尔运算?
9. 如何使用"镜像"命令?
10. 如何使用"三维阵列"命令?
11. 如何使用"三维旋转"命令?

第六章 实操训练

一、基本图形练习,不标注尺寸

(1)利用"捕捉"、"极轴"、"正交"等命令绘制图 6-1 所示中的图形。

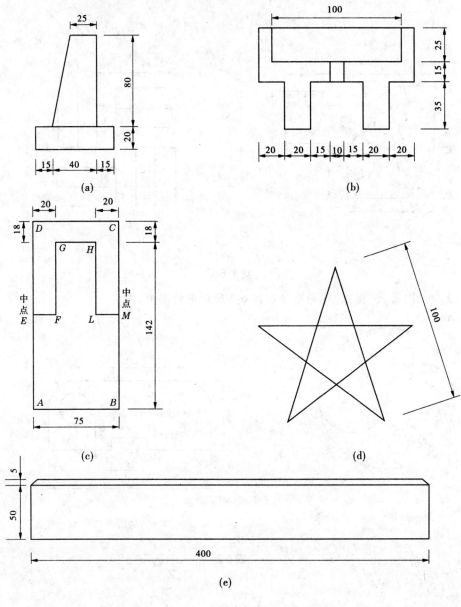

图 6-1

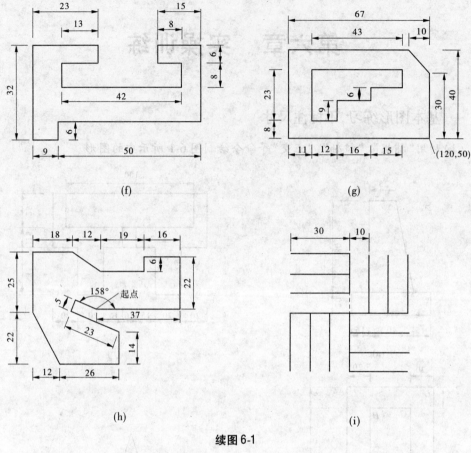

(f)   (g)

(h)   (i)

续图 6-1

（2）利用"圆"、"圆弧"等命令绘制图 6-2 所示中的图形。

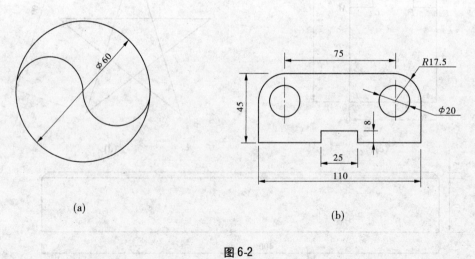

(a)   (b)

图 6-2

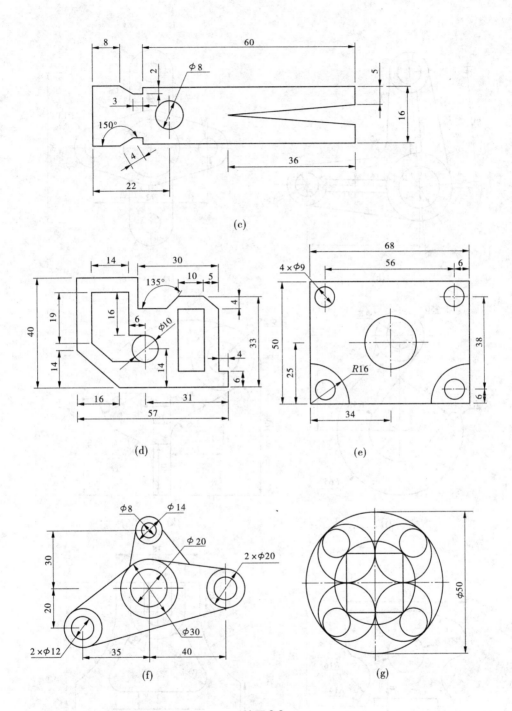

(c)

(d)   (e)

(f)   (g)

续图 6-2

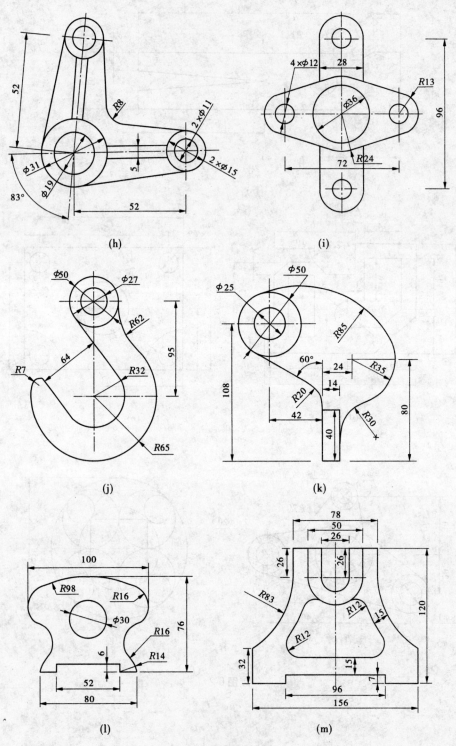

(h)　　　　　　　　　　(i)

(j)　　　　　　　　　　(k)

(l)　　　　　　　　　　(m)

续图 6-2

（3）利用"多边形"、"椭圆"等命令绘制图6-3所示的图形。

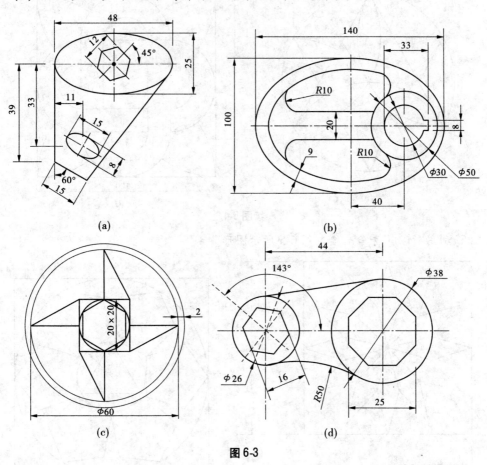

图 6-3

（4）利用"偏移"、"修剪"等命令绘制图6-4所示中的图形。

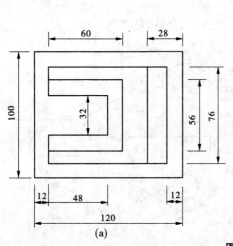

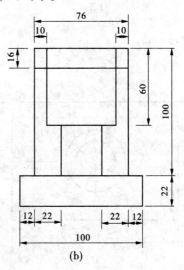

图 6-4

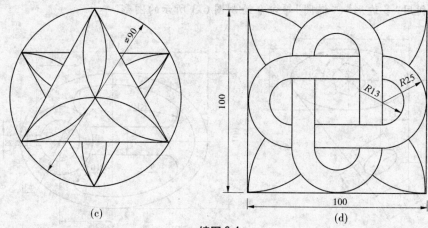

(c)

(d)

续图 6-4

（5）利用"阵列"等命令绘制图 6-5 所示图形。

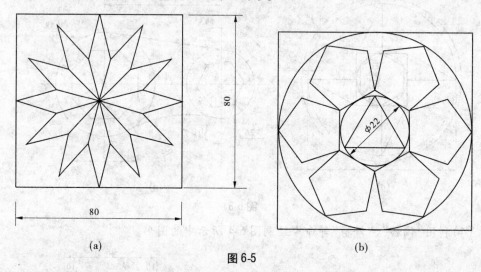

(a)

(b)

图 6-5

（6）建立合适的图层，分别绘制图 6-6 所示中心线、虚线、轮廓线。

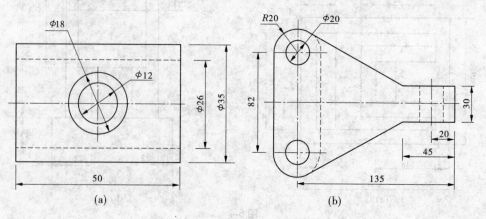

(a)

(b)

图 6-6

(7)利用"图案填充"等命令绘制图 6-7 所示的图形,不标注尺寸。

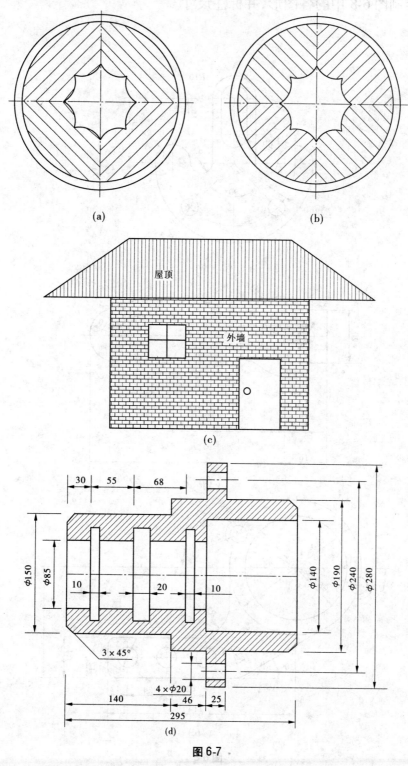

图 6-7

二、绘制图 6-8 中的各图形,并标注尺寸。

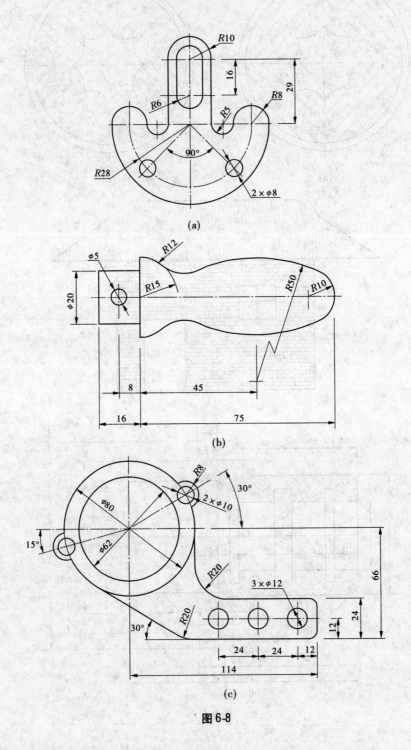

图 6-8

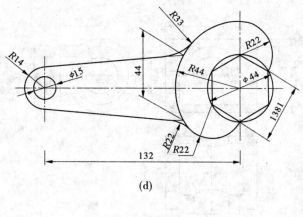

(d)

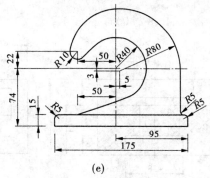

(e)

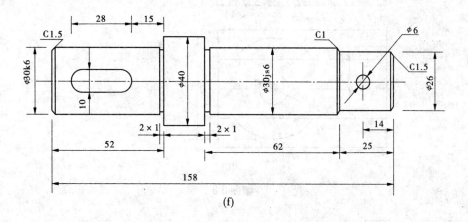

(f)

续图 6-8

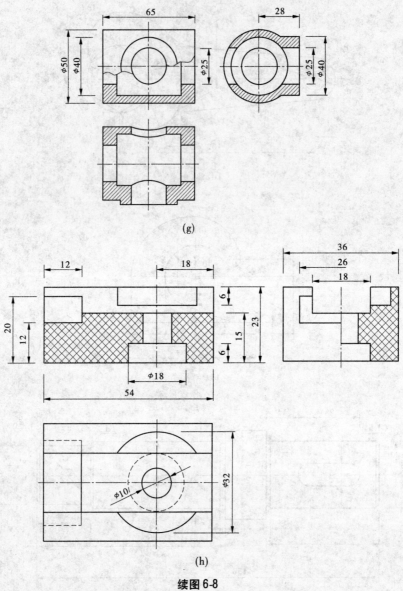

(g)

(h)

续图 6-8

三、三视图练习

(1)补画图 6-9 中的左视图。

(2)补画图 6-10 中的主视图。

(3)补画图 6-11 中的俯视图。

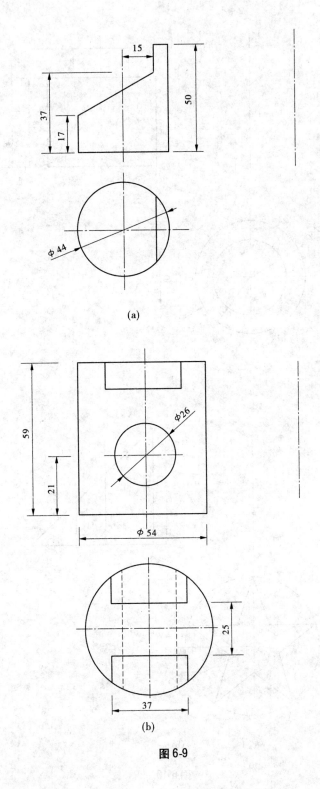

(a)

(b)

图 6-9

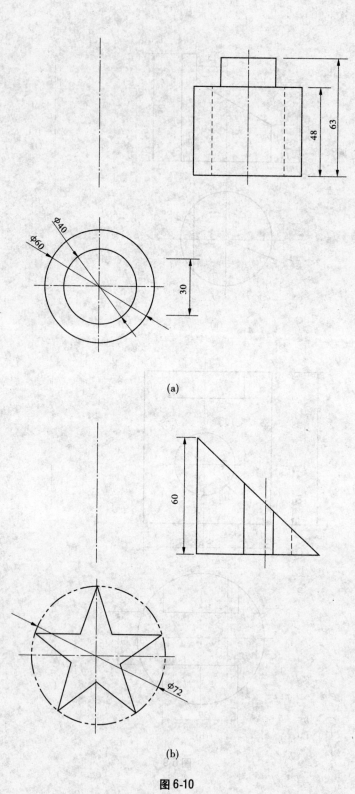

(a)

(b)

图 6-10

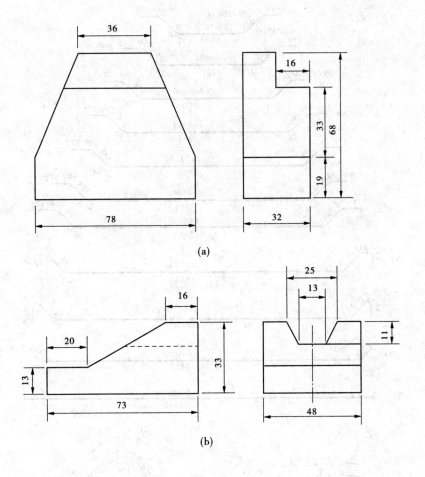

(a)

(b)

图 6-11

四、钢筋图练习:绘制图 6-12 所示的钢筋图。

图 6-12　道碴桥面低高度钢筋混凝土梁钢筋图

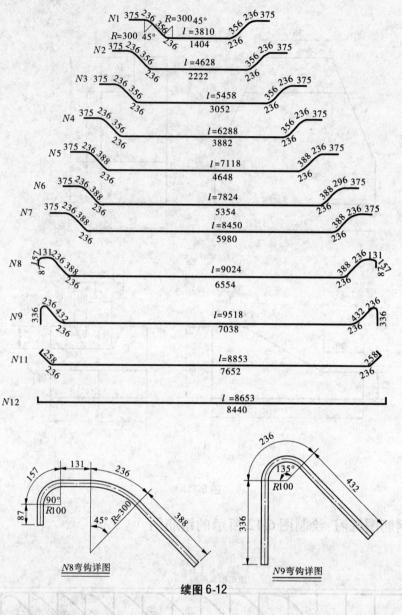

N1 375 236 R=300 45° 356 236 375
R=300 45° 356 l=3810
236 1404 236

N2 375 236 356 l=4628 356 236 375
236 2222 236

N3 375 236 356 l=5458 356 236 375
236 3052 236

N4 375 236 356 l=6288 356 236 375
236 3882 236

N5 375 236 388 l=7118 388 236 375
236 4648 236

N6 375 236 388 l=7824 388 296 375
236 5354 236

N7 375 236 388 l=8450 388 236 375
236 5980 236

N8 157 131 236 388 l=9024 388 236 131 157
87 236 6554 236 87

N9 336 236 432 l=9518 432 236 336
236 7038 236

N11 258 l=8853 258
236 7652 236

N12 l=8653
8440

N8弯钩详图   N9弯钩详图

续图6-12

五、建筑工程图练习

用 A3 图幅,按 1:100 比例抄画图 6-13 ~ 图 6-15。

六、水利工程图练习

(1)用 A3 图幅,按照要求设置绘图环境,用 1:50 的比例抄绘涵洞设计图,如图 6-16 所示。

(2)用 A3 图幅,按照要求设置绘图环境,用 1:4 的比例抄绘渡槽设计图,如图 6-17 所示。

(3)用 A3 图幅,按照要求设置绘图环境,用 1:400 的比例抄绘重力坝断面图,如图 6-18 所示。

七、路桥工程图练习

(1)用 A3 图幅,按照要求设置绘图环境,用 1:20 的比例抄绘桥梁设计图,如图 6-19 所示。

(2)用 A3 图幅,按照要求设置绘图环境,用 1:20 的比例抄绘桥梁设计图,如图6-20 所示。

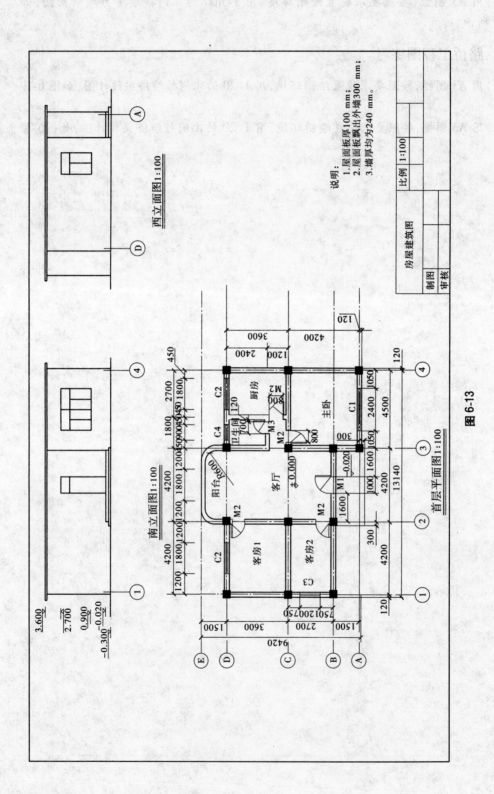

图 6-13

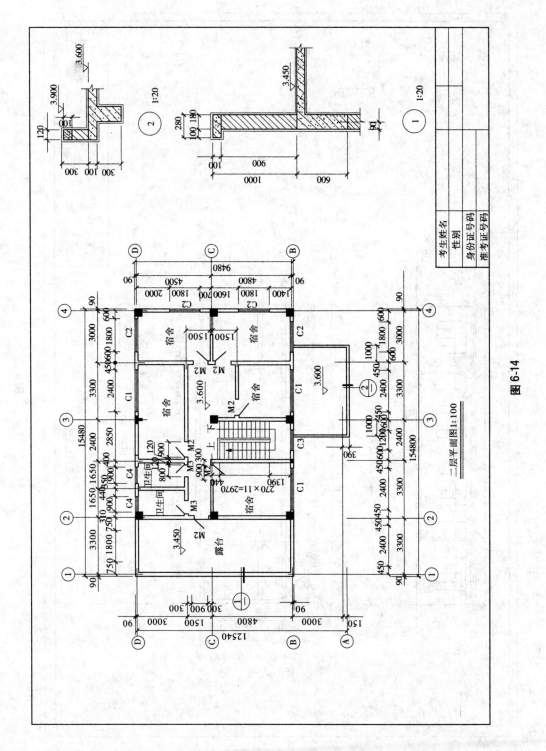

图 6-14

二层平面图1:100

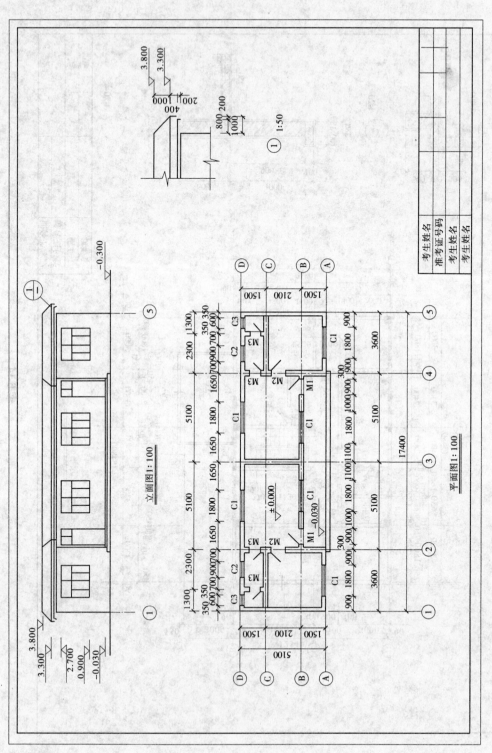

图 6-15

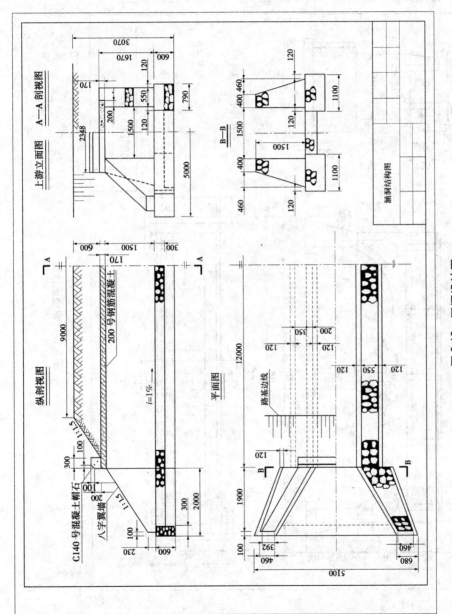

图 6-16 涵洞设计图

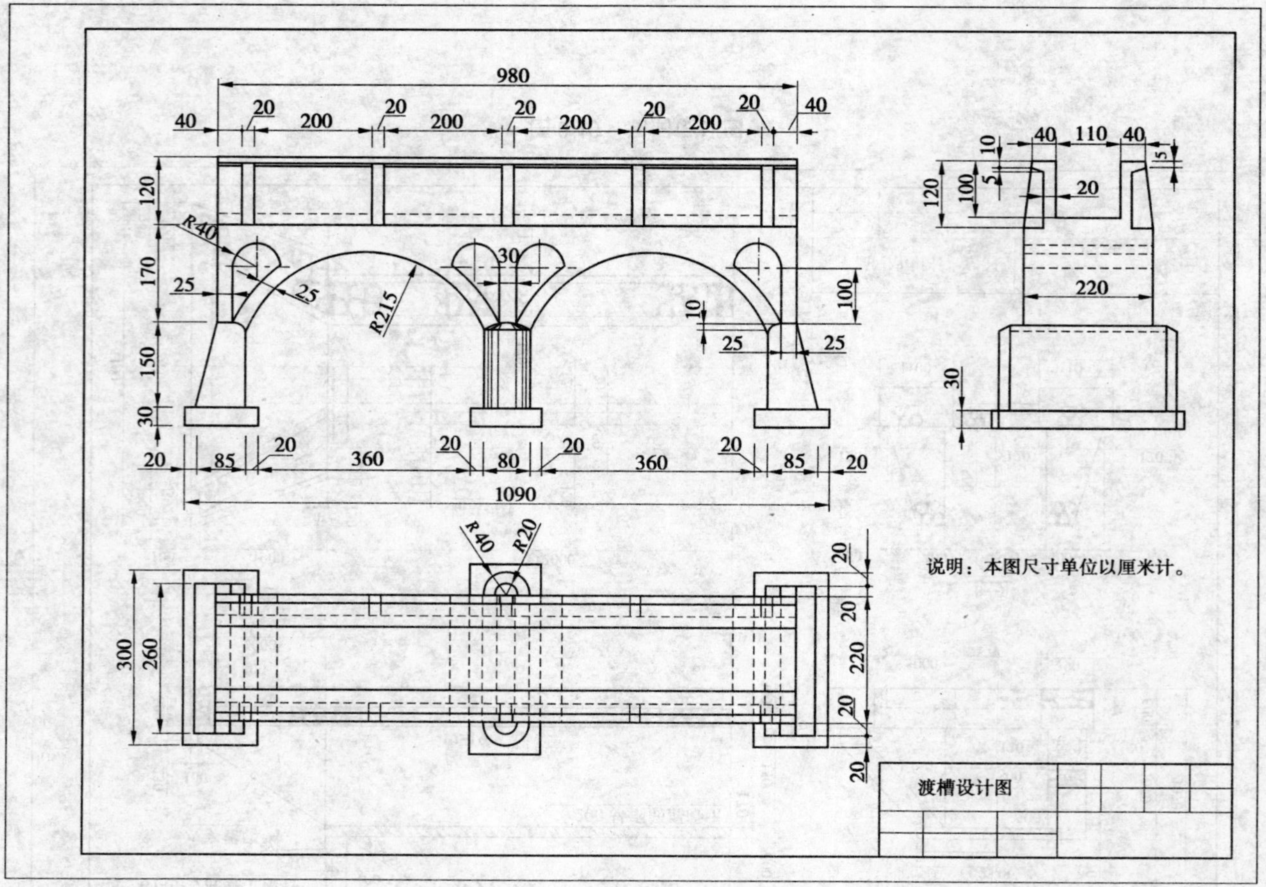

图 6-17 渡槽设计图

说明：本图尺寸单位以厘米计。

渡槽设计图

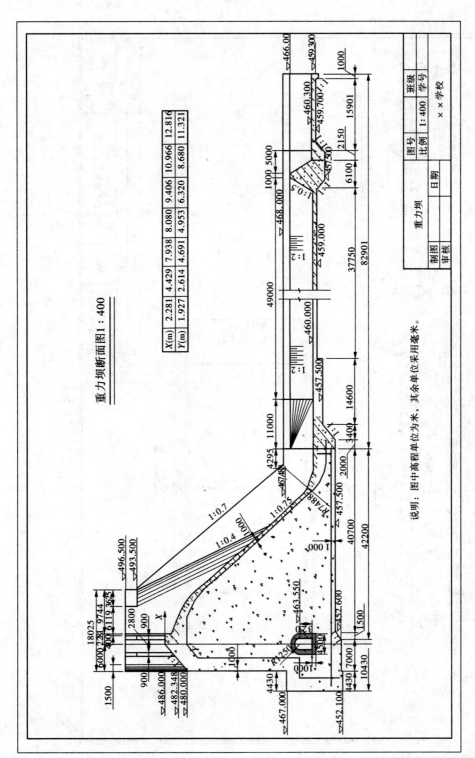

重力坝断面图1:400

X(m)	2.281	4.429	7.938	8.080	9.406	10.966	12.816
Y(m)	1.927	2.614	4.691	4.953	6.320	8.680	11.321

说明：图中高程单位为米，其余单位采用毫米。

图 6-18　重力坝断面图

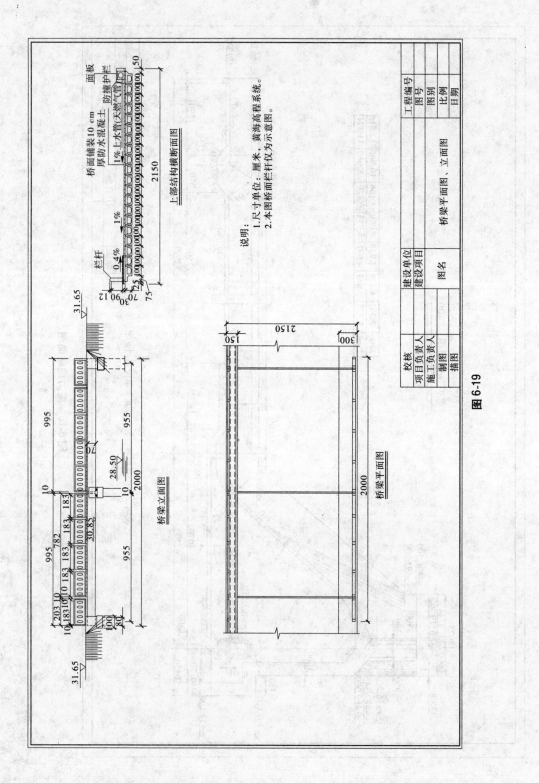

上部结构横断面图

桥面铺装10 cm
厚防水混凝土

面板

1%上水管（天燃气管）

1% 防撞护栏

栏杆

0.4%

2150

上部结构横断面图

说明：
1.尺寸单位：厘米，黄海高程系统。
2.本图桥面栏杆仅为示意图。

995

28.50

2000

955

30.85

30.85

782

955

203

31.65

31.65

桥梁立面图

2150

2000

300

150

桥梁平面图

	工程编号	
	图号	
建设单位	图别	
建设项目	比例	
图名	日期	

校核		
项目负责人		桥梁平面图、立面图
施工负责人		
制图		
描图		

图 6-19

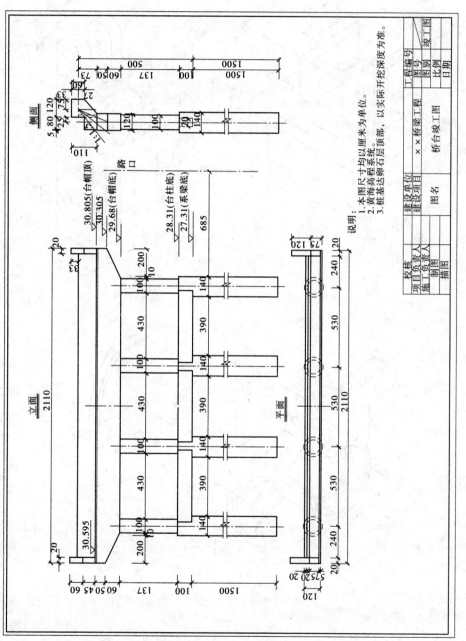

说明：
1. 本图尺寸均以厘米为单位。
2. 黄海高程系统。
3. 桩基达卵石层顶部，以实际开挖深度为准。

图 6-20

建设单位		工程编号	
建设项目		图别	竣工图
图名	××桥桥梁工程		
	桥台竣工图	比例	
		日期	

项目负责人		校核	
施工负责人		制图	
		描图	

八、三维图练习

（1）抄画如图 6-21 所示的三维立体图。

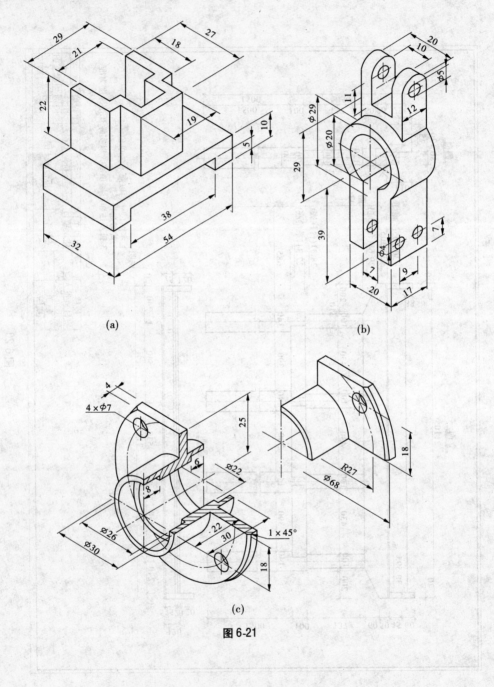

(a)

(b)

(c)

图 6-21

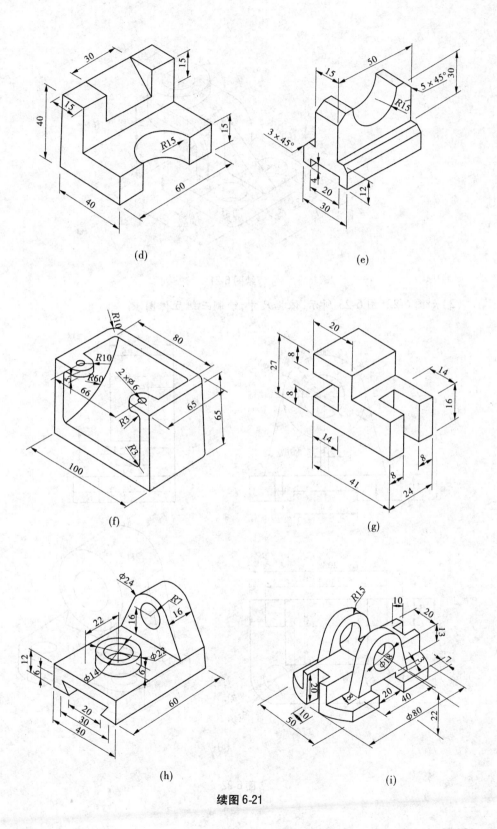

续图 6-21

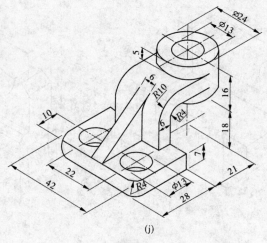

(j)

续图6-21

（2）如图6-22、图6-23所示，依据尺寸，绘制三维立体图。

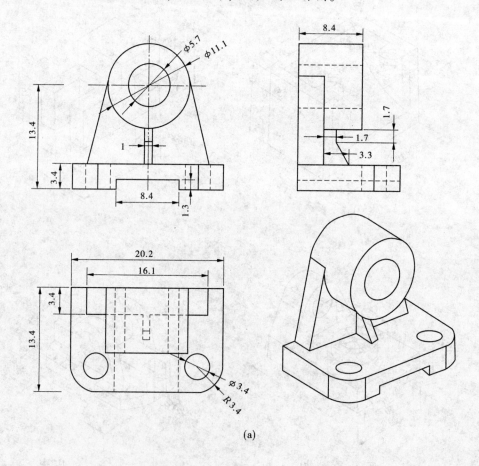

(a)

图6-22

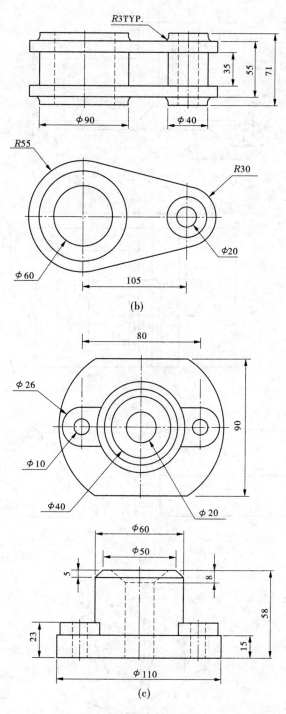

R3TYP.

35

55

71

φ90   φ40

R55

R30

φ20

φ60

105

(b)

80

φ26

φ10

90

φ40   φ20

φ60

φ50

5   8

58

23   15

φ110

(c)

续图 6-22

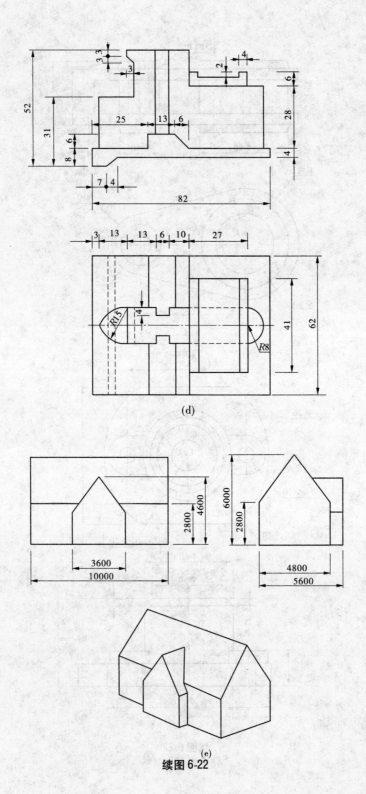

(d)

(e)

续图 6-22

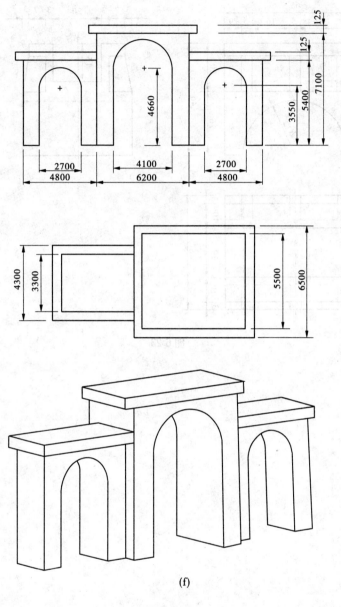

(f)

续图 6-22

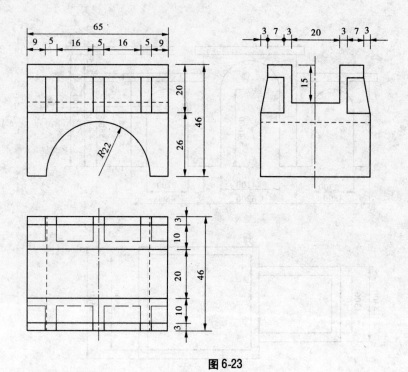

图 6-23

附录　计算机辅助设计中、高级绘图员鉴定标准

一、机械/建筑类中级鉴定标准

(一)知识要求

(1)掌握微机绘图系统的基本组成及操作系统的一般使用知识。

(2)掌握基本图形的生成及编辑的基本方法和知识。

(3)掌握复杂图形(如块的定义与插入、图案填充等)、尺寸、复杂文本等的生成及编辑的方法和知识。

(4)掌握图形的输出及相关设备的使用方法和知识。

(二)技能要求

(1)具有基本的操作系统使用能力。

(2)具有基本图形的生成及编辑能力。

(3)具有复杂图形(如块的定义与插入、图案填充等)、尺寸、复杂文本等的生成及编辑能力。

(4)具有图形的输出及相关设备的使用能力。

实际能力要求达到:能使用计算机辅助设计绘图与设计软件(AutoCAD)及相关设备以交互方式独立、熟练地绘制产品的二维工程图。

(三)鉴定内容

1.文件操作

(1)调用已存在图形文件。

(2)将当前图形存盘。

(3)用绘图机或打印机输出图形。

2.绘制、编辑二维图形

(1)绘制点、线、圆、圆弧、多段线等基本图素;绘制字符、符号等图素;绘制复杂图形,如块的定义与插入、图案填充、复杂文本输入等。

(2)编辑点、线、圆、圆弧、多段线等基本图素,如删除、恢复、复制、变比等;编辑字符、符号等图素;编辑复杂图形,如插入的块、填充的图案、输入的复杂文本等。

(3)设置图素的颜色、线型、图层等基本属性。

(4)设置绘图界限、单位制、栅格、捕捉、正交等。

(5)标注长度型、角度型、直径型、半径型、旁注型、连续型、基线型尺寸,修改以上各种类型的尺寸,标注尺寸公差。

二、电子类中级鉴定标准

(一)知识要求

(1)掌握微机系统的基本组成及操作系统的一般使用知识。

(2)掌握基本电子电路及印刷电路板的基本知识。

(3)掌握基本原理图、PCB 图的生成及绘制的基本方法和知识。

(4)掌握复杂原理图、PCB 图(如层次电路、单面板)的生成及绘制的方法和知识。

(5)掌握图形的输出及相关设备的使用方法和知识。

(二)技能要求

(1)具有基本的操作系统使用能力。

(2)具有基本原理图、PCB 图的生成及绘制的能力。

(3)具有复杂原理图、PCB 图(如层次电路、单面板)的生成及绘制的能力。

(4)具有图形的输出及相关设备的使用能力。

实际能力要求达到:能够使用电路的计算机辅助设计与绘图软件(Protel99)及相关设备以交互方式独立、熟练地绘制电路原理图,并用原理图生成 PCB 图。

(三)鉴定内容

1. 文件操作

调用已存在图形文件,将当前图形存盘,用绘图仪或打印机输出图形。

2. 原理图、PCB 图的生成及绘制

1)原理图的设计及绘制

(1)原理图的生成:装载元件库、放置元器件、编辑元件、调整位置、放置电源与接地元件、连接线路、生成网络表。

(2)绘图工具及元件库编辑器的使用:编辑线、圆弧、圆、矩形、毕兹曲线等,会使用删除、恢复、剪切、复制、粘贴、阵列式粘贴等,对元件库进行管理,元件绘图工具的使用及创建新的原理图元件。

2)PCB 图的设计及绘制

(1)制作印刷电路板:设置电路板工作层面,设置 PCB 电路参数,规划电路板,自动布局元件,手动布局元件,自动布线,手工调整。

(2)PCB 绘图工具及元件封装编辑器的使用:导线、焊盘、过孔、字符串、坐标、尺寸标注、圆弧和圆、填充、多边形等,对元件封装管理,创建新的元件封装。

三、机械类高级鉴定标准

(一)知识要求

(1)掌握微机绘图系统的基本组成及操作系统的一般使用知识。

(2)掌握基本图形的生成及编辑的基本方法和知识。

掌握复杂图形(如块的定义与插入、外部引用、图案填充等)、尺寸、复杂文本等的生成及编辑的基本方法和知识。

(3)掌握图形的输出及相关设备的使用方法和知识。

（4）掌握三维图形的生成及编辑的基本方法和知识。

（5）掌握三维图形到二维视图的转换方法和知识。

（6）掌握图纸空间浮动视窗内图形显示的方法和知识。

（7）掌握软件提供的相应的定制工具的使用方法和知识。

（8）掌握形与汉字的定义与开发方法和知识。

（9）掌握菜单界面的用户化定义方法和知识。

（10）掌握 AutoCAD 软件中各种常用文本文件的格式。

（11）掌握 AutoCAD 软件的安装与系统配置方法和知识。

（二）技能要求

（1）具有基本的操作系统使用能力。

（2）具有基本图形的生成及编辑能力。

（3）具有复杂图形(如块的定义与插入、外部引用、图案填充等)、尺寸、复杂文本等的生成及编辑能力。

（4）具有图形的输出及相关设备的使用能力。

（5）具有三维图形的生成及编辑能力。

（6）具有三维图形到二维视图的转换能力。

（7）具有在图纸空间浮动视窗内调整图形显示的能力。

（8）具有软件提供的相应的定制工具的使用能力。

（9）具有形与汉字的定义与开发能力。

（10）具有菜单界面的用户化定义能力。

（11）具有基本读懂 AutoCAD 软件中各种常用文本文件的能力。

（12）具有 AutoCAD 软件的安装与系统配置的能力。

四、建筑类高级鉴定内容

（一）AutoCAD 操作和使用

1.绘图环境的设置

建立图形文件,设置图层、线型、字体,建立模板文件等。

2.二维图形的生成与编辑能力

（1）熟悉制图基本标准,掌握投影基础知识,熟练掌握房屋建筑平面、立面图的作图技能,熟练掌握根据提供的所有建筑施工图和结构构件截面尺寸求作建筑断面图的技能。

（2）AutoCAD 软件的安装与系统配置的能力。

（3）掌握系统配置设定,熟悉各种选项卡的控制和系统配置的输出与输入。

（二）使用 3Dmax、Photoshop 制作效果图

1.基本操作的应用能力

熟练掌握各选取控制工具,熟悉视窗导航工具、状态栏、命令面板,熟练掌握图形的轴心控制,熟练掌握镜像、阵列、对齐等操作,熟练使用快捷键,掌握单位设置、精度设置,熟练对场景图形进行分层划组操作,熟悉提高作图速度的一般技巧。

2. 建模能力

掌握二维图形的创建和编辑修改、三维图形的创建和编辑修改,以及二维图形生成三维图形的操作能力。

3. 材质、贴图的编辑能力

熟练掌握标准材质的编辑及对其他常用材质的设置,标准材质下各种贴图类型的选择和编辑能力,掌握设置和调整贴图坐标的能力。

4. 灯光和摄像机的编辑能力

熟练掌握标准灯光的选择和使用,具备对高级灯光一般使用控制的能力,能熟练布控摄像机,掌握摄像机的相关参数的调整。

5. 渲染及效果图的后期处理能力

掌握渲染输出不同精度和尺寸效果图的技能,熟练 Photoshop 的界面操作,熟悉新图像的加入及调整,掌握对图形进行色相、亮度、对比度等的调整。

参 考 文 献

[1] 肖静,唐立新. AutoCAD 2011 中文版实用教程[M]. 北京:清华大学出版社,2011.

[2] 刘华斌,董岚. 建筑工程 CAD 实训教程[M]. 郑州:黄河水利出版社,2011.

[3] 田希杰,刘召国. 图学基础与土木工程制图[M]. 北京:机械工业出版社,2011.

[4] 罗梁武,刘志杰. 土木工程制图[M]. 北京:海洋出版社,2000.

[5] 何斌,陈锦昌,陈炽坤. 建筑制图[M]. 北京:高等教育出版社,2005.

[6] 张多峰,郭栋,唐诚,等. AutoCAD 工程制图实训教程[M]. 北京:中国水利水电出版社,2010.

[7] 郑国权. 道路工程制图[M]. 北京:人民交通出版社,2002.

[8] 张立明,何欢. AutoCAD 2004 道桥制图[M]. 北京:北京交通出版社,2005.

参考文献